# 在地球之外

[苏]康·齐奥尔科夫斯基　著
小袋鼠工作室　编译

黑龙江科学技术出版社

**图书在版编目（CIP）数据**

在地球之外 /（苏）康·齐奥尔科夫斯基著；小袋鼠工作室译．—哈尔滨：黑龙江科学技术出版社，2019.6

ISBN 978 - 7 - 5719 - 0192 - 9

Ⅰ.①在… Ⅱ.①康… ②小… Ⅲ.①宇宙—普及读物 Ⅳ.①P159 - 49

中国版本图书馆 CIP 数据核字（2019）第 098338 号

**在地球之外**

ZAI DIQIU ZHI WAI

［苏］康·齐奥尔科夫斯基 著 小袋鼠工作室 编译

**项目总监** 薛方闻

**策划编辑** 孙 勃 郑 毅

**责任编辑** 闫海波 王化丽

**封面设计** 新华环宇教育科技有限公司

**出 版** 黑龙江科学技术出版社

地址：哈尔滨市南岗区公安街 70 - 2 号 邮编：150001

电话：（0451）53642106 传真：（0451）53642143

网址：www.lkcbs.cn

**发 行** 全国新华书店

**印 刷** 辽宁新华印务有限公司

**开 本** 787 mm × 1092 mm 1/16

**印 张** 8.5

**插 页** 9

**字 数** 121 千字

**版 次** 2019 年 6 月第 1 版

**印 次** 2019 年 6 月第 1 次印刷

**书 号** ISBN 978 - 7 - 5719 - 0192 - 9

**定 价** 28.00 元

# 目录 Contents

# 在地球之外

我们来看看这些故事中会出现的几位科学家，他们有着聪明的头脑、巨额的财富，过着与世隔绝的隐居生活，他们非常喜爱幻想与科学……

拉普拉斯——法国人

亥姆霍兹——德国人

伊万诺夫——俄国人

牛顿——英国人

伽利略——意大利人

富兰克林——美国人

诺登舍德——瑞典人　工程师

# 第一章　喜马拉雅山中的城堡

**读前动动脑：**喜马拉雅山脉被称为神奇的雪域和雪之故乡，传说，这里住着佛祖的使者——人头鸟，神秘的雪人——夜帝，如果，在喜马拉雅山中有一座城堡，会有什么故事发生呢？

喜马拉雅山是世界上最高最雄伟的山脉，然而，它的伟大不仅在于它拥有终年积雪的山峦、神秘的雪人和数不清的生物……还在于这个神秘的被称为雪域的地方，有一座华丽的城堡。

城堡里隐居着一群科学家，一个法国人、一个英国人、一个德国人、一个美国人、一个意大利人和一个俄国人，长期的隐居生活让他们亲如兄弟。他们有着过人的智商和神话般的财富，能够满足任何昂贵的试验所需。他们唯一的爱好就是科学探索，平时，他们很少走出喜马拉雅山，过着与世隔绝的生活。然而，城堡里先进的科学设备又让他们洞悉一切，在城堡里，除了他们几个人，还有一些雇员和工人，这些人住在四周精美的房屋里。

在城堡的最高处，是一座宽敞的玻璃大厅，我们的隐居者们很喜欢在这里聚会。

当夕阳西下，大厅的透明圆顶外群星闪闪发光，数也数不清。于是，隐居者们的话题便是月球、太阳系的各行星，还有那无数遥远的星球。他们曾经多次讨论过太空旅行，然而，又一次次无情地推翻了这些奇思妙想。

一个晴朗的夏夜，三个朋友正快活地聊着天，忽然，俄国人像一阵风似的闯进来，紧紧地搂住他们的脖子，把大家弄得叫苦连天。

法国人拉普拉斯挣脱了俄国人的怀抱，说：“为什么你这么长时间躲在房里不露面？我们甚至想是不是你做试验时出了事故，准备砸开门进去呢。”

“哦，这真是怪吓人的，怪吓人的，我想出了一个计划，真是一件让人高兴的大喜事……”

“究竟是怎么回事？你疯了吗？”被抱得最疼的德国人亥姆霍兹说。

俄国人头发乱糟糟的，流着汗的红脸显得异常兴奋，他两眼放光，露出喜悦和疲倦的神色。

“过 4 天我们就能登上月球……用几分钟就能飞出大气层，再过 100 天就能在太阳系的空间飞行了！”俄国人伊万诺夫突然大声宣布。

“你在说梦话吧！”英国人牛顿不相信地说。

“至少是太快了吧？”法国人拉普拉斯表示怀疑。

“诸位，我是着了迷，但是，我请求大家听我说完，把我们其他伙伴请过来吧。”

人到齐后，大家围着一张大圆桌坐下来，迫不及待地等俄国人宣布消息。

“朋友们，”俄国人说，“我的主意其实很简单，大家都知道燃烧能，一吨燃油在燃烧时能做大量的功，足可以使一吨物体从地球表面上升几千千米。一吨半燃油就可以使一吨物体获得足够的速度，能够永远飞离地球……”

“换句话说，”意大利人插话说，“燃烧物的质量如果是人的质量的 1.5 倍，就能够赋予人一个速度，使他能够飞离地球，围绕着太阳旅行……”

“俄国人可能想做一门大炮，”美国人富兰克林也插话说，“但是，第一这不新鲜，第二绝对没有可能……”“这件事咱们已经讨论很多遍了，早就否定了。”牛顿补充道。俄国人说：“其实，你们都没猜对，我想出来的是飞行的大炮，有薄薄的外壁，它不发射炮弹，而是发射气体……你们可曾听说过这种大炮？非常简单，我说的是火箭之类的东西。”

“就是这些？”性格急躁的意大利人失望地说，“火箭，这是毫无价值的东西……难道，你想乘坐一个大火箭飞上天去？”

大家都笑了，只有牛顿在思考，俄国人回答说：“是乘火箭，不过是特别装备起来的火箭。这听起来可笑，而且似乎不可能，但是周密的计算却显示了另一种结果。”

牛顿专心地听着，其他人却看起星星来……伊万诺夫接着说："最精确的不可推翻的计算显示，在一个足够长的大炮上，从炮筒口飞出的爆炸物，可以具有最大每秒6千米的速度。如果大炮的质量和喷射出的气体相等，那么炮筒得到的反向速度是每秒4千米。如果气体质量是大炮的3倍，炮筒得到每秒8千米的速度。最后，如果是7倍，炮筒就得到每秒1.6万千米的速度，这个速度比脱离地球，围绕太阳运行所需的速度还要大。"

"做到这一点，只需要每秒1.17万米的速度就够了。"牛顿说，"你还是快点给我们讲讲火箭吧。"

"大家可以想象一个卵形密封舱，里面有一个圆管伸到舱外。舱中有我本人用品的储备和炸药的储备，炸药在爆炸过程中一点点地通过圆管喷射出去。炸药的持续爆燃产生燃气不断高速喷射，引起密封舱不断地向上运动，而且速度越来越快。这时就可能出现三种情形：一是当喷射的气体压力抵不上舱的重力时，座舱原地不动，没有支持会掉下来。座舱的重力只是减少了一些。二是当喷射的气体压力与舱的重力相等时，座舱失掉了它的全部重力，这时，没有支持不会掉下来。三是当喷射的气体压力超过舱的重力时，座舱这时向高处飞去，此时最有趣。"

"在喷射气体时，如果炸药重力是座舱及其装载物的7倍，座舱能够悬浮不掉下来的时间是23分20秒。"拉普拉斯说。

"完全正确！但是在半空中停留对我们是没用的，我想说的是，这时座舱内的重力不变，里面的所有物体仍然是原来的重力。"

"毫无疑问，你的大炮是垂直而立，炮口朝下的吧？"牛顿插话说。

"当然，不过大炮也可以斜放。我们来看下第三种情形吧，当喷射的气体压力超过舱的重力时，座舱向高处飞去，最有利的是爆燃发生得越早越好。"

"可是，在穿过大气层时得到的速度由于空气阻力会很快丧失，座舱中相对重力会急剧增大，瞬间就会把里面的所有生物压坏。"

富兰克林说："大炮应当非常坚固，这也意味着它的重力要非常大，这样很不好。"

"说得对！我认为，压力是座舱及其装载物重力的10倍就够了。这时，人将感觉自己比平常只重 10 倍。这样的重力，利用我设计的装备，人很容易承受。”

“你将使用什么装备呢?”亥姆霍兹问。

“后面你会知道的，我先接着讲，座舱越飞越快，过 1 秒钟它的速度将是每秒 90 米，它在空中上升 45 米。过 2 秒钟它的速度增加 1 倍，而穿过的距离是 4 倍。让我写一张表，来表示时间、与其相对应的速度及座舱飞行的距离。”

“我来写吧。”牛顿说着，便在大黑板上画出一组表格：

| 秒 | 1 | 2 | 10 | 30 | 100 |
|---|---|---|---|---|---|
| 米/秒 | 90 | 180 | 900 | 2700 | 9000 |
| 千米 | 45 | 360 | 4500 | 40500 | 45000 |

“运动速度增加得这样快，我不赞成。”伽利略注视着表格说。他补充说：“不到 1 分钟座舱就飞到了大气层外，但是，它受到空气阻力会失去很多。最好速度是初速，在大气中，速度要尽量低，所以我想到另外一张表，它的依据是重力是原有的 3 倍。”

说着，伽利略走近黑板，也画出一组表格：

| 秒 | 1 | 2 | 10 | 50 | 100 |
|---|---|---|---|---|---|
| 米/秒 | 20 | 40 | 200 | 1000 | 2000 |
| 千米 | 10 | 40 | 1000 | 25000 | 100000 |

“经过 50 秒，”意大利人写完了说，“座舱上升到 25000 千米，那里空气阻力已经是微不足道了，而座舱的速度也不太快。飞出大气层之后，可以增加炸药的压力和加速度的数值，但是在大气中的速度要尽可能小。”

俄罗斯人高兴地说：“你们的意见太有价值了，我很乐意接受。”俄罗斯人稍微停了一下说：“大家可以想象一下，座舱向天空飞去，起初很慢；以后越来越快，最后在视野中消失了，它永远地脱离了地球上的一切……”

伊万诺夫突然不说话了，大厅中没有点灯，只有刚刚升起的深红色的月亮发出柔和的光芒。俄罗斯人晕过去了。

原来，他已经好几天没睡觉、没吃东西了，他筋疲力尽了。灯亮了，伙伴们把伊万诺夫救醒，给他喝了点酒，吃了点食物，由伽利略负责照顾他好好睡觉，以便尽快恢复体力。

每个人都很兴奋，大家决定第二天继续讨论这个问题。

# 第二章　城堡·地球·星空

**读前动动脑**：隐居在这座与世隔绝的城堡里，我们的科学家们过着怎样的生活？他们开心吗？让我们来认识一下这座城堡和它的居民们。

## 1. 城堡和它的居民们

距城堡约 2000 米的地方有个瀑布。瀑布带动涡轮机，涡轮机使发电机转动产生充足的电量。电灯照亮了所有房间，有了电可以在作坊里进行着化学和机械工作，天冷时可以供暖，还可以进行通风、抽水和完成许多其他工作，我们的朋友们每天的饮食也是用电来烧熟的。

夜里，城堡灯火辉煌，从远处看，犹如天上的星座，十分美丽。白天，城堡塔楼高耸，圆顶壮观，凉台多姿，更加雄伟。隐匿在阳光照耀的群山中，城堡显得很奇妙。当落日的余晖铺满大地，城堡里仿佛燃起熊熊大火，别有一番景象。

城堡里的居民们都饱经坎坷、屡遭打击。他们有的中年丧偶，有的失去儿女，有的从政失败，有的蒙受冤屈，深感世态炎凉。城市的喧闹和人们的争吵常会刺激他们，但是，隐匿在雪域高原的城堡之中，每天望着巍峨的雪山，呼吸着洁净的空气，徜徉在灿烂的阳光里，使他们心情平静、身体健壮。

尽管他们都爱好科学，有着高深的学问，如今却变成思维的机器，长期的思考使他们感觉迟钝，智力却高得惊人。在他们之中，牛顿最具有哲学家气质，是个深刻的思想家和超脱的人；富兰克林有些实用主义并信仰宗教；亥姆霍兹有许多物理发现，但有时心不在焉，甚至会忘记自己右手在哪里，是个急性子；伽利略是个热情的天文学家和艺术迷，但是，他内心里却讨厌自己爱好艺术；拉普拉斯以精通数学见长；而伊万诺夫是一位大幻想家，他比其他人都具备思想家的品位。

城堡里的居民与外界往来的交通工具是巨大的金属飞艇，飞艇能载运几百吨货物，速度为每小时 100 千米或者更快。货物不多、人也不多时，就用飞机。

第二天晚上，城堡里的居民们继续讨论火箭问题，俄罗斯人继续介绍他的发现。

俄罗斯人说："飞行器几秒后到达十分稀薄的大气层，再过几秒就会飞行在没有空气的空间。如果气体的平均压力是飞行器连同载运物重力的 10 倍，我们可以算出，160 秒后，飞行器会用完最烈性炸药的全部储备。这时，它上升到 1152 千米高度，速度最高可达到每秒 1.44 万米。这个速度不仅能脱离地球，而且能飞出太阳系，并且很容易到达太阳系的任何一颗行星。所以，我认为，太空旅行的真正困难在于呼吸需要的空气，在太空中没有空气，也没有地方可以得到空气……"

"可以携带空气储备，当然，很快就会用完。"意大利人说。

"但是太阳光通过植物能够重新净化被呼吸污染的空气。"亥姆霍兹有不同意见。

"这个问题要求我们必须深入实际地仔细研究。其次，我们怎样回到地球或是在其他行星降落呢？没有专门储备的炸药，不能保证我们的生命安全。"俄国人说道。

"我早就在进行炸药能量的试验了，"富兰克林说，"我想，我能用我发明的新型炸药取代现在常用的炸药，这种新型炸药的质量缩小到现有的许多分之一。"

俄国人说："只有共同努力，我们才能完成我们的飞天计划。"

"不过这计划还是过于冒险，"谨慎的牛顿说，"我们还忘记了饮食。没有食物和饮水是不能长期航行的。"

“我们一开始不计划长期航行，”伊万诺夫表示不同意见说，“比方说，去月球一个来回，几个星期就够了。因此饮食问题至少在头一个时期不重要，几千克食物和水不难携带。”

俄国人做总结说：“诸位，让我们一起来制订具体方案，做几次飞出大气层的试验，高度可以是 500~1000 千米。”

“然后扩大试验的范围，”拉普拉斯说，“我甚至不反对第一个去飞，只要一切都做得十分完善，而且试验在我的眼里是没有危险的。”

“在这种情况下谁也不会拒绝的！”富兰克林笑道。

“我们都跟拉普拉斯一起去。”大家异口同声地说。

俄国人说：“在上路之前，我们不妨先把航行的图景生动地描绘一番……

“我非常热爱天空，”牛顿插话说，“如果能让我每天晚上在大家休息和谈天时做讲演，我将十分荣幸。”

“好极了！这事我们就交给你啦。你为我们的天文讲演提供素材。”大家齐声喊道。

“你的讲演必须生动有趣，通俗易懂。”意大利人说。

就这样，他们决定，白天工作，晚上休息时畅想神游宇宙世界。

## 2. 趣说地球

第二天太阳落山后，大家又聚集在圆形大厅里，厅里还挤满了愿意来听讲的其他人。5 位学者围着圆桌坐下，其他人坐到墙边的沙发上。

牛顿开始讲：“人类居住的这颗行星，形状是圆球形的，它的周长是 4.5 万千米。一个人一天走 40 千米，环绕地球一圈要用 1000 天，或者说大约要用 3 年时间。”

“现今轮船和火车的速度，”富兰克林说，“能够把环球旅行的时间缩小到原来的 1/24。”

“的确，现在走 40 千米不是用一天，而是很容易地只用一个小时。这样一来，我们绕地球一圈只用 42 天。”

“可是，这个大球用什么做支撑呢?”一个工人高声问。

“这个大球没有任何东西支撑，”伽利略回答道，“它不与任何东西接触，在太空中飞驰，像是一个被风吹动的气球。这个大球有两种磁性。第一种磁性给磁针定方向，第二种磁性被我们叫作重力，正是重力吸引着分布在地球上的海洋、空气、人等所有的物体。如果没有重力，能够膨胀的空气早就从地球飞走了。同样，人只要一跳，也早就离开地球，成为太空的一个自由子民了。”

“太空是什么?”另一个工人问道。

“太空就是一种充满一切的介质，光能够在太空中传播，这样，我们就能够看见近处和远处的物体，只要它足够亮和足够大。否则，我们就看不见太阳和星星……”

“假设地球的人口是 50 亿，如果使每个人相距 1 米，就可以绕地球 100 圈。”

“完全正确，”牛顿说，“你们可以看到地球对人来说，是多么大，而人以自己为标尺，就能够正确地判断自然界的伟大……”

“如果你们把所有的人均匀地摆在地球表面，在寒带和热带、海洋和陆地都摆上，这时，人和人之间的距离超过 1 千米。此时，他们彼此无法说话。想象一下，如果把所有的人都变成粉末，均匀地撒在地球表面上，那么这层粉末只有一毫米的二万三千分之一，也就是烟卷纸的千分之一那么薄。”

“一阵轻风就能吹掉。”一个司机惊呼道。

“美丽的地球，是人类的遗产，”伽利略插话道，“如果你是地球的国王，你巡视一下你的领地要用多少时间呢?”

“不知道。”许多声音回答。

“如果只看一下陆地，假设每一公顷看 1 秒钟，那也要巡视四五百年才能看完，况且陆地只占整个地球表面的 1/4。”

“我早就知道地球是一辈子也看不完的。”一个技工说。

“地球的质量和体积非常巨大，如果把地球平均分成同样大小的小球，再分给每人一个，包括妇女儿童，你知道每个小球有多大?”牛顿问。

“有一个德国这么大啊，一个人在里面可是够宽敞的啊!”俄国人回答说。

“人之于地球是非常渺小的，假设，地球和上面的一切以同样比例缩小，比方说缩到万分之一，那么在直径为1260米的大球上，我们能看到身高是0.2毫米的小人儿。这还是地球人中的大个子呢。”牛顿说。

“这个时候，海水只要有一粒沙子深，这个人儿就能淹死。”亥姆霍兹补充说，“此时，大气层的高度是20米，而最高的山峰也只有85厘米。海洋的深度也只是稍微大一点。”

“如果比例再缩小一些，你们就看不到高山和海洋了。”伽利略表示不同意见，“假设地球是一个12.5厘米的圆球，那么，最高的山峰和最深的海洋在球上只有0.1毫米的起伏，不会更多。这样的不平坦只相当于书写纸的厚度。”

“今天第一次认识了我们的地球，感觉就在眼前。”一个车工说。

由于时间已经很晚了，城堡里的居民们决定明天晚上继续讨论。

## 3. 美妙星空

第二天晚上，天气晴朗，太阳下山不久，星星就布满了天空，非常漂亮。透过圆顶精磨玻璃，星空一览无余，山风从屋顶敞开的地方透进来，带来丝丝凉意，让人神清气爽。

“多么漂亮的星星呀，这些星星是什么呢？”一个人仰着头问。

“我们先讲讲太阳和地球，”牛顿说，“然后你就知道星星是什么了。让我来告诉你太阳究竟有多大，它是个大火球，能分成128万个地球一样大的小火球。”

“可是，为什么太阳看起来那么小呢？”另一个人问。

“因为它距离我们非常遥远，”伽利略说，“它离地球有1亿5000万千米。”

“离这么远还这么烤人啊！”有人很吃惊。

“如果了解到太阳有多么巨大，那就没有什么可吃惊的了。”牛顿答道，“太阳横断面是地球的108倍。如果把地球缩成直径12.5厘米的小球，那么太阳就是一个直径接近14米的大球，有5层楼那么高！尽管大小不同，地球和太阳在本质上几乎是相同的。”

“太阳和地球怎么会相同呢?”一个听众说，“太阳是个温度高得难以想象的大火球，而地球只是个阴冷的小球……”

“地球也曾发光发热，像个小太阳，直到现在这个小球里面还热得要命呢。也许会有那么一天，太阳会像地球一样变冷呢。地球是冷却下来的小太阳，太阳是由于太大还没有来得及冷却的大地球。”牛顿说。

“这怎么可能呢!”听众们惊呼。

“当然可能，地球内部至今还有热量，我们所谓的土壤、岩石、山等不过是地球燃烧的灰烬，就连海洋中的水也是灰烬。”伽利略插话说。

“不过，大家放心，太阳最迟也要在几千万年以后才会熄灭，它还会发光、发热很长时间的。”牛顿的话让大家放宽了心。

“这么说，无论是我们，还是我们的孩子都无须担心了。”人们不再焦虑。

天完全黑下来了，空气洁净，无数星星布满天空。

“再说这些星星，”牛顿说，“都和太阳一样，这些恒星都很大，也在燃烧，比起太阳毫不逊色，所以，不要以为太阳只有一个哦。”

“为什么黑夜仰望天空时，感到星星的数量是无穷的呢?”听众问道。

“本能会告诉人们，星星是无穷无尽的。”俄国人说道。

“这也有些道理，”牛顿接着说，“我们用的望远镜越好，看到的星星就越多。在最大的天文望远镜里，能够看到两亿颗恒星。”“两亿个太阳!”人群里有人重复说，“有这么多呀!”

“恒星这样多，行星却很少，真是件奇怪的事情。”有人发出疑问。

“这是因为行星很小，而且是暗的，所以大量的行星是根本看不见的。”伽利略说。

拉普拉斯说：“如果说，我们看到了两亿颗太阳，从而猜想到有800亿颗行星，那么，看不到的恒星和行星该有多少呢?”

人群望着静静的夜空，陷入了沉思。

# 第三章　火箭试验

**读前动动脑：**你知道火箭长什么样吗？它们是怎么飞起来的呢？让我们一起来了解了解吧。

## 1. 两次火箭实验

大家都对俄国人提出的这个方案很是着迷，所以演讲中断了一段时间。

富兰克林发明了一种比现有炸药的爆炸威力提高了足有100倍的炸药。因为这种炸药，他的实验室里常有各种爆炸声传出来，让城里的居民们感到非常害怕。牛顿和拉普拉斯马不停蹄地拿着稿纸做着数学运算，时不时交换观看对方那一行行的数字和复杂的公式，满脸充满神秘，他们时而窃窃私语，时而因为兴奋大喊大叫，仿佛是在吵架。亥姆霍兹则是研究出了在太空中怎么呼吸和吃饭。

伊万诺夫一会儿找这个人讨论，一会又去和那个人讨论，画出了飞行器的模样和旅行的路线。伽利略和伊万诺夫一起制造太空飞船的模样，但是没有成功，两人又重新开始设计制造。短短一个月过去了，他们每天都去玻璃厅，但是不让听众进去。终于，他们看上去是取得了成功。

工厂里一片繁忙：人们正在制造一个奇怪的大家伙，以前从未见过的东西，显然这是科学家们用来访问月球的飞行器。他们决定先开始在一个很高的工棚里进行飞行器试验。现在，让我们跟着科学家们到工棚里来看看飞行器试验吧！

飞行器的形状是一个竖立的长形的金属鱼鳔，高 20 米、直径 2 米。它有很多小窗，里面非常亮堂。壁上有三根不是很粗的管子通到飞行器外面。飞行器里面是一些机械，有些用金属罩着，还有些隔间，里面装着些奇怪的液体。这些液体如果混合，然后发生持续爆燃，爆燃产生的巨大气浪就会从那几根管子冲到外面。还有一些用来控制飞行器的手柄。

富兰克林、伊万诺夫和伽利略三人走进飞行器。而拉普拉斯、亥姆霍兹和牛顿三人则站在离飞行器不远的地方，看看飞行器，又看看表。随后爆燃声响起，并伴着规律的轰鸣声，飞行器动了一下，然后慢慢升起。站在外面的人群双眼发亮，欢呼声已经被飞行器的轰鸣声掩埋。过了 10 来分钟，坐在飞行器里的三人给站在外面的三人通报情况。飞行器又在空中悬浮了 10 分钟才缓缓降落。三人一走出飞行器便扑向了朋友们的怀抱。

飞行器的第二次实验是公开进行的，因为工棚的空间不够大，大家便决定把飞行器放在院子里进行实验。不过这次实验换成了牛顿、亥姆霍兹和拉普拉斯三人进入飞行器。人们站在围栏外面观看，里面的飞行器在阳光照耀下闪闪发光。人们都不知道为什么要制造飞行器。

三人坐在飞行器的椅子上，紧张地等待着飞行器起飞的那一刻。大家都不说话，心情十分激动。牛顿抓着掌管爆燃的能量手柄，拉普拉斯负责观察方向，而亥姆霍兹则看着两人，并做好随时替换任何一人工作的准备。

起飞的时间到了。两人开始扳动手柄，飞行器开始缓慢上升。

“先生们，飞行器飞行得非常好，”亥姆霍兹很兴奋地说，“已经到了 100 米了……可以停止飞行了。”

牛顿再次扳动手柄，飞行器虽然没有较大的移动，但是爆燃产生的气浪还在往外喷着。数秒钟后，牛顿建议继续上升。他们事先做过研究，并没有危险，所以大家没有反对。牛顿继续扳动手柄，但是大家的脸色都变了。

“我感到很难受。”过了数十秒钟，拉普拉斯说，“可以了，停下来吧！”他倒在椅子上，姿势很可笑。飞行器停止了飞行。当大家感到轻松时，都不由得站起来看向外面。

“天知道我们飞到哪儿去了！”亥姆霍兹说。他们只能勉强看到城堡的轮廓。

“不是飞到哪去了，我们是要飞到 2 千米的高空上去。”拉普拉斯看看气压表道。

“我们在 10 分钟内上升了 1800 米。”牛顿说，“但我们必须要做好呼吸准备，不然飞行器再上升，我们就会喘气困难了。”

在牛顿说话的时候，飞行器又上升了一些，大家开始有些憋气。于是牛顿停止操纵手柄。不过因为惯性，飞行器还在继续上升，他们的呼吸变得更加困难，连观察也顾不上。飞行器上升了 2 千米后终于停了下来，然后因为重力开始下降，但过了数十秒后，下降速度减慢，飞行器依靠爆燃的气浪慢慢返回到院子里原本停留的地方。

## 2. 再一次的天文演讲

科学家们兴高采烈，现在可以进行大气层外的航行了。

兴奋之余，他们决定在圆形大厅进行第三次天文演讲，向大家展示他们太空航行飞行器。

牛顿向大家简单介绍了飞行器并说：“当我们可以到太空中航行后，我们对天文更加感兴趣。上次演讲中，我们说过在宇宙诸多恒星周围有 800 亿颗以上的行星。在太阳系中，我们肉眼可见的行星就有 600 多颗。为了准备这次太空航行，我们要知道太阳与地球之间的距离。我们可以走完这个距离吗？我们这一生的时间能够让我们走完这样的距离吗？”牛顿说。

“让我们来了解月球吧！”牛顿说，“月球与地球的距离约为 38 万千米。搭乘我们的飞行器平均每秒钟飞行 5 千米，飞到月球要用 7.6 万秒，也就是说要用上差不多一天的时间。”

“看，月亮出来了，”一个人说，“我们似乎可以坐气球到月亮上去呢！”

“当然，只要有空气。”伊万诺夫说，“但要是这样的话，就得飞上 1000 天，将近 3 年的时间。”

“大气层是一层气体，它包裹着地球。”拉普拉斯说。

“大气层大概有 300 千米厚。”富兰克林解释道，“但是到 10 千米的地方，空气就很稀薄了，我们会出现呼吸困难。”

“大气层最高的地方也不到地球和月亮之间距离的三百分之一，当然不能用气球啦。”

“是这样啊!”刚才那人说道，“以前我认为月亮、星星都是飘在空气里。”

“啊，我们离星星太遥远了!”另一人大声说道。

“对，”牛顿说，“太阳是离我们最近的恒星，可也有 1.5 亿千米，而那些比太阳更亮的恒星，因为距我们太过遥远，只能看见它们微弱的星光。”

“飞行器每秒大约能飞 10 千米，到太阳需要 1500 万秒，大约半年时间。同样地，飞到太阳系其他行星的距离也需要用年来计算，不考虑时间以外的困难，搭乘飞行器是完全有可能到达的。”亥姆霍兹说，“可是要到达其他恒星，在我们有限的生命中是不可能的。”

伊万诺夫说：“半人马座的阿尔法星是离我们最近的恒星，但距离也有 308 亿千米。就算飞行器飞行速度是每秒 100 千米，也需要花上 1.2 万年才能到达。如果说人类前去，只有第四百代的后人才可以到达那里。”

“真可惜啊!”伽利略叫道，“我们是永远无法去到牛顿所说的第 800 亿颗行星了。”

“确实如此。”伊万诺夫说，“不过别忘记了，人类是一直在延续生存的，1.2 万年对于整个人类，可以说是微不足道的。”

“我们来说说各个行星的分布情况，太阳是最中心的，围绕着太阳是大概在一个平面运转的各个行星。离太阳越近的行星转得越快，相反离太阳越远转得越慢。水星是转得最快的，它离太阳最近；其次就是金星，它离太阳第二近。”

“来看看金星吧!”伽利略指着还有着晚霞的西边，那里有一颗闪闪发亮的星星。

“天空中最亮的便是金星了。”拉普拉斯说。

“我还有一次在白天看到了它呢!”富兰克林说，“我们常常可以看到水星和金星，不过水星要难看到一些，因为它总是跟着太阳一起落山。”

牛顿说："金星是距离地球最近的行星，它离太阳有1.08亿千米，像一个小小的榛子一样。"

"才这么小！怎么能和地球相比较呢。"一位听众说。

"我没有贬低地球。"牛顿回答，"这是大自然的决定。下一颗行星是火星，它还要更小，像一颗豌豆，因为它比地球离太阳还远些，大约有2.28亿千米，所以它的公转速度要更慢一些……看！在东边的天空中那颗红色的星星，它就是火星。它的周围还有两颗卫星，非常小，就好比尘埃一般。"

"你把地球的卫星——月球给忘记了。"拉普拉斯说，"它离我们最近，所以我们的太空旅行就从它开始吧。"

"对！"牛顿点头同意，"月球就像一颗小麦粒，距离地球38万千米。它围绕着地球公转。"

"木星的外面有着长得比花籽还要微小的60多颗卫星，它们是木星的卫星，木星像一个小西瓜一样大小，直径大约是14.3万千米，有1390个地球这么大！是最有分量的一颗行星。"

"行星已经介绍完了。"牛顿向大家鞠躬说，"感谢大家来听我的演讲！"

大家向演讲者道谢，然后互相道晚安，各自离去。

## 3. 环绕地球飞行的准备工作

演讲再次中断，因为科学家们已经全身心地投入他们的太空飞船中去了。在大厅讨论太空这件事对他们已经没有足够吸引力了，他们打算尽快到太空中飞行。

飞行器是密封的，里面是无氢的氧气，比大气中的氧气稀薄2倍，不过不影响正常呼吸，只是没有在空气中呼吸那样令人畅快。飞行器里面的气压很小，氧气的浓度低，这样不得不用碱和其他物质来吸收飞行器里产生的二氧化碳和其他瘴气，用以保持舱内空气清新。

由于一些特殊因素，会使人为操纵出现困难，所以还在飞行器上设置了自动驾驶仪，当然，自动驾驶仪的一切动作都可以停止或改变。

他们花费了不少时间去做各种准备工作和实验，失败也非常多。他们在改进喷射器上花费了许多时间。喷射器是一种把注入其中的两种液体混合后产生爆燃的装置。其温度极高，必须找到一种合适的难熔而又坚固的材料。而爆燃后产生的能量会传送到一个储藏器里，因此它也需要做得非常坚固。这样的话，飞行器会变得异常沉重，只能使用泵或喷射器。但是最初实验时的飞行规模不大，没有使用这些器械。为了完善火箭的性能，大家忙碌了许久。

他们开始制造由许多普通火箭组合而成的复杂火箭。简单地说，它的形状是狭长的，可以减小阻力，长约 100 米，宽 4 米，有点像一个纺锤。舱里有 20 个用隔板隔开的舱室，里边都装有喷射装置。不过其中有一个舱室没有装载喷射装置，这个舱室用来休息和聚会。喷射器的构造和普通的蒸汽泵相似。所有爆燃管的尾巴都在火箭的侧下方露出来，并朝着一个方向，因此形成了一个围绕着火箭的螺旋状。

爆燃室和其附件均使用极为耐热、坚固的材料制成，还有喷射器也是使用同样的材料。在爆燃机械周围装有液体汽化器，这种液体是炸药的成分之一，还有另外一种液体放置在另一个隔间。

火箭外壳有三层：最里层是坚固的金属；第二层是熔点极高的金属，导热性差；最外层是外壳，同样也是熔点高的金属，不过它非常薄。当火箭飞跃大气层时会产生高热，外壳会白热化，不过热量不会穿透一、二层，而且在二、三层之间有冷气不停地循环流动，所以热量不会传导到舱内。

火箭上有许多工具仪器，它们都有自己的用处。中央舱室的冷气开关可以随意调节火箭内部温度，氧气箱负责供给氧气。火箭上除了供人生存的食物、饮用水，还有特制宇航服，用于进入宇宙空间或者其他行星时穿戴。有一些隔间内装有液体，是用来减轻重力对人体的压力的，当重力增加的时候，人可以进入这些液体里，通过输氧管呼吸，人可以在液体里随便活动，而且感受不到重力带来的压力。

准备到太空旅行的人们还带了各种水果、蔬菜和食物种子，打算在太空中建立特殊温室来种植这些东西，就连建造温室的材料也都准备好了。

火箭体积约为 800 立方米，其中不到三分之一装着可不断反应爆燃的液体，不过这已经足够火箭运作。火箭自身重达40吨，储备、工具等大约为30吨，人加上其他物件不到10吨。人们住的地方是有稀薄氧气的，空气常常保持清新，环境舒适。在舱室之间有小过道，有些舱室放置着必需品和炸药。火箭直径最大的地方有一个较大的舱室是会议室，每个舱室墙上装有透明玻璃窗，窗户可以开关。

## 4. 登上火箭，出发

牛顿、拉普拉斯、富兰克林和伊万诺夫等4人，还有16位随行技术人员决定登上火箭出发，村子里的居民们都来送行。天气好极了，大家把火箭围起来。在大家的祝福、拥抱和欢呼声中，这20人进入了火箭，他们进入各自的液体箱中。牛顿负责爆炸产生的推动能量，拉普拉斯负责火箭飞行的方向，防止火箭出现旋转，富兰克林则负责控制舱内的温度和空气的净化，伊万诺夫管理其他所有细节并统筹全局，他是这次旅行的领导人。

“各位。”伊万诺夫说，“都准备好了吗？可以起飞了吗？”

一切都安排妥当，准备就绪后俄国人扳动了手柄，火箭响起了爆燃的轰鸣声。不过大家的耳朵是用听筒堵着的，否则，他们的耳膜会受不了的。

“各位。”伊万诺夫说道，“现在的相对重力是地面的10倍，大家感觉到了吗？有人有哪里不舒服吗？”

“感觉真好！”“平安无事！”“和以前一样，十分自由！”“太棒了！”四处传来人们满意又兴奋的声音。

不过几秒钟后，一个胖胖的技工喊道：“好热啊！”

伊万诺夫把这个情况告诉了富兰克林，富兰克林扳动了操纵杆，加速冷气流通，使温度下降。后面陆陆续续出现的各种问题也都得到了解决。

爆燃产生的能量是不断变化的，为了节省储备的反应能量，必须严格按照预先计算的数值来进行调节。随着能量的变化，相对重力也在不断变化，不过这样的变化没有人察觉，也无法察觉，因为他们周围的液体让他们感受不到，只有些许固定不稳的东西掉落在地上，不过掉落的声音也被轰鸣声掩盖。

## 5. 城堡中的演讲

现在让我们回到那些欢送太空旅行的人的城堡居民那里。他们看到火箭离开地面向着空中疾驰而去，周围许多人惊恐地躲闪，火箭的轰鸣声让人们双耳欲聋。火箭越飞越高，慢慢消失在人们的视野中。虽然已经看不到火箭的身影，但是依旧可以听到轰鸣声。

亥姆霍兹和伽利略邀请了一些人到会议厅里进行会谈。

大家坐了下来，吃了些水果，又喝了些饮料后，开始讨论起来，各执己见，会议厅变得有几分嘈杂。

伽利略站起来表示要说几句话，于是，大家调整出最舒服的状态坐着，安静下来。

“先生们，我想跟各位说一说，人们搭乘火箭是什么感受。我听到了各位的争论，不过并不完全正确。如果有一个恒力，例如爆炸时产生的气体压力在一个方向作用于火箭。假设天体的引力不存在，火箭在恒力的作用下会做匀加速运动，而火箭里面的物体，则要向作用于火箭外力的相反方向匀加速坠落。”

“那地球、太阳和其他行星对火箭会造成什么影响？”有几个人问。

“那现在我们就来说说这个吧！”伽利略说，“就用地球引力为例。引力不但作用于火箭上，同时也作用于火箭内部的物体上。若是火箭在引力作用下向某个方向运动，那火箭和火箭附近的物体也会在引力下运动。在火箭里的人是看不出差别的。所以地球引力对火箭的影响是难以察觉的。也就是说，不只是地球，其他任何天体都不会影响火箭内的物体受力。”

亥姆霍兹说道：“我们可以知道火箭内的超重现象只是与喷气管内爆燃所产生的能量作用下的加速度有关。”

“由此可见，当停止爆燃时，火箭将失去加速度。”亥姆霍兹强调说，“相对重力消失后，不管万有引力如何强大，我们的旅行者都是把自己悬在空中。人一直浮在空中，对地板等就没有压力。他们就像鱼一样，只是没有水的阻力而已。”

“这真是有趣啊！”听众说。

一位听众说：“我想知道火箭离开大气层后，是不是外部的压力都没有了，那火箭里的压力会把火箭压坏吗？”

“火箭壁的强度可以承受得住比这还要大上100倍的压力，而且火箭内有密度是空气十分之一的纯氧，压力只有大气压力的十分之一，所以施加在火箭上的压力同样是气压的十分之一。既然是这样，火箭怎么可能会被压坏呢？”

“火箭里的空气是不是过于稀薄了，这样不是会出血吗？”一个人问道。

“他们已经做过相关试验了，是可以承受的。”亥姆霍兹说。

“那温度呢？”一位小伙子问道，“太空的温度可以说近乎绝对零度，这么低的温度，人怎么承受得了？”

“太空里的温度是根据温度计得出的。”亥姆霍兹说，“如果没有发光的天体和地面物体，温度计和其他物体一样，会因为辐射失去自己的热量，也就是说，它的温度达到绝对零度。”

“我们甚至无法想象在这样温度下的物体的模样。”伽利略插话，“可能物体变大，也可能会突然变小……”

“是的，”亥姆霍兹说，“我们无法想象那种状态下的物体有怎样的变化。但宇宙中有着各种各样的震动，电子、质子等无数更小的微粒急速运动。所以温度计的原子运动并不会停止，能量也不会消失。火箭在飞离大气层后，几乎每时每刻都会受到太阳辐射。这些辐射会使火箭的温度达到多高呢？”

“这除了与物体和太阳的距离有关外，还和物体的形状、颜色等其他一些性能有关。”伽利略道。

“我很同意！”亥姆霍兹表示赞同说，“有一位叫斯忒藩的科学家发现了一个定理，按照他的发现，可以在众多条件限制下确定行星和其他微小物体的温度近似值。根据这个定理，我们可以做个验证：拿一块薄板，放置在与地球和太阳距离相等的地方，把一面涂黑，一面防止散热，并把涂黑的一面朝阳，让阳光垂直照射，薄板的温度可达到152℃。这样的温度在月球上同样可以达到。如果有一个涂黑的旋转的小球，它的平均温度可达到27℃。从这里可以知道当火箭为黑色时的温度。不过要知道，如果火箭另一面不散热，而且有合适的形状，它的温度也可以达到152℃，如果小球不是黑色，而且能把大部分光线散射到小球外的空间里的话，它的平均温度会降低。”

“确实。”一个技工说，“可是火箭飞得更远的话，又会怎样？会不会结冰呢？”

“数字可以回答这个问题。”伽利略答道，“如果说火箭和太阳的距离比地球和太阳的距离远上两倍，薄板的最高温是27℃。用其他方法阻止火箭阴面散热，并想办法让阳光照射到这一面，就可以得到即使没有27℃，也能有20℃左右。而且我们还能利用火箭上镜子反射阳光用来提高温度。当然也可以采用取暖装置，但是有了虽然较弱却是永恒的阳光照射，暖气设备就是多余的了。”

“好极了！可我不明白为什么在开始爆燃时，相对重力没有把他们压伤呢？您说过相对重力持续时间不长，但会增大10倍。也就是说，若是我有82千克重，在火箭里，我会增加到820千克，而我的脑袋大概有3千克，到了火箭里，我的脑袋就变成有30千克了！那样的话，我可承受不了，我的血管会爆裂的，手臂也会骨折的！”

“对啊！”阵阵喧嚷声响起。

“是的！”伽利略肯定地说道，“不过他们还是完好无损的，因为他们躺在和他们身体平均密度相同的液体里。我可以给大家做个试验，你们就明白了。我手上的这个人体模型是用一种脆弱的材料制成的，非常不结实。我把手一松开，大家就可以看到它会摔成几瓣。现在我再拿一个同样的模型，并把它放进一个装有液体的坚固透明的球里，液体密度和模型一样。现在我用各种方式晃动它，模型也没有移动。我再用锤子砸它，模型依旧完好。我现在把小球放到离心机上，离心机开始运转，这时它的重力增加100倍，可是大家可以看到，模型还是完好无损的。”

“原因是这样的。”亥姆霍兹插话说，“在小球里，液体的重力和模型重力相互抵消，所以模型接触不到球壁。”

“人体各部分的密度不同。”伽利略说道，“所以各部分之间存在某种压力，当相对重力很大的时候，压力也会增加很大。我们用鱼和青蛙这些活物来做试验，把它们的体重增加100倍……你们看，它们都还活着。”

“先生们，”有人叫着，“虽然动物是活着的，但是那些到太空中旅行的人们还活着吗？他们现在飞行到哪儿了？”

“或许会在我们城堡上方飞行呢？”听到这句话，所有人都不由自主看向透明的屋顶。

“那里是什么在动，陨石吗？”一个年轻的工人问。

“在哪儿？”有好多声音在喊：“就在仙后星座，快看！”

“大家淡定。”伽利略说，“你们看到的不是流星，流星是有尾巴的，而且划过的时间非常快，眨眼就会看不见。可是我们现在看到的这个没有尾巴又动得慢，就像是停在空中，显然它就是我们的火箭。看，它在向我们发送信号呢！”

伽利略刚说完，大家就看见它一会儿消失，一会儿出现，每次都间隔相同的时间。

亥姆霍兹说：“不用怀疑了，它就是我们的火箭。看，他们正在用莫尔斯电码给我们发信号说一切顺利！”

话音一落，会议厅里轰动了，满是欢呼声与祝贺声……这次会议就这样落下了帷幕。

# 第四章　太空旅行

**读前动动脑：**火箭飞到太空以后，科学家们的太空旅行就开始了，他们在太空中发生了什么呢？他们要怎么在太空生活，又做了些什么事情呢？

## 1. 火箭里的座谈

现在再让我们一起来看看那些在火箭里的朋友们在干什么。他们躺在液体箱子里，非常舒服地聊着天，舒展身体，不过就是不可以把肢体伸出液体外，因为一旦伸出来，他们的肢体就会变得非常沉重，而且会立刻收回液体中。过了几分钟后，轰鸣声慢慢停止了，不过大家的耳朵里还是有嗡嗡声。

“爆燃已经停下来了！”伊万诺夫一边告诉大家，一边从液体箱子里往外爬。因为失重，他费了好大劲才抓住一个东西固定住自己的身体，让自己不在舱室里乱飞。

好奇心驱使人们一个接着一个从箱子里爬出来，他们碰上了和伊万诺夫一样的情况，都有些狼狈。等到大家都把自己固定好后，相互对视，便开始大笑。火箭里满是大家的笑声和说话声。

他们换上轻便的衣服，把液体收集装回原来的箱子里。开始把那些掉落飘浮在空中的物体一个个地重新固定到原本的位置。

大家都来到火箭中央的会议厅里，不过每个人进入的方式都各有不同，有些侧着身体，有些则是两脚朝天，不管用什么样的方式进来，他们都很难让自己稳当地停下来，闹出了不少笑话，引得阵阵笑声。

“各位，往后奇怪和可笑的事情可多着呢。现在我们还是先来讨论一下我们在太空中的处境吧！”牛顿说。

会议厅里变得安静了，大家虽然在不自觉中移动，但都认真地听着。

拉普拉斯说：“按时间来看，我们已经在大气层外了。尽管我们感觉火箭是停止运行的，但那只是错觉，其实它一直都在运动。现在，按照预定的设计，火箭正围绕着地球匀速旋转，每绕地球一圈大约会花上 1 小时 40 分钟。它的状态非常稳定。”

“我们没有在运动！”一个绝望的声音突然响起，“就像绝对静止，我感觉我无法相信我们在运动……”

“我感觉我要疯了！”又一个人说，“周围的所有物体没有静止不动的，我们不知变成了什么，乱七八糟的，地方这么大，我们还经常发生碰撞……尽管我知道我们处于失重状态，但是我完全无法想到现在这种感觉。这让我很恐慌！”

“大家请不要着急！”俄国人说话了，“我们现在只是不习惯这种情况，等到我们稍微习惯以后，就不会觉得奇怪了！至于其他的问题，等我们打开窗板，看看外面，我想那些问题也会烟消云散的。不过我觉得我们还要再等上一等，大家现在都太激动了，我怕大家看到和平常不一样的天空和地球会更激动的。请大家不要担心，拉普拉斯已经往窗外看过好几次了，确定我们现在没有任何危险，就和我们预先计算好的一样。”

富兰克林说，“为了不增加自己的心理压力，大家可以回去坐坐，随便干点事情，不是更好吗？这里环境挺好的，我们可以看看书、睡觉、吃点东西、聊会儿天什么的……”

听完后，大家纷纷赞同道：“对啊！我们先休息一会，或者找其他人聊聊天……”

于是大家三三两两地回到自己的舱室里去了。有人关灯睡觉，有人打开书本开始在灯下看起书来，还有几个人聚在一块儿聊天叙旧，也有人去找东西来吃。

在太空中是失重的，所有东西都会飘浮在空中。对此早有预见的科学家们早已准备好了。食物大都是流质或半流质的，并装在一个密封的器皿里。这样就不会有食物飘浮在空中，搞得一片乱七八糟，大家却还没吃到东西。

## 2. 物理和化学实验

在大家得到充分的休息后，他们又回到会议厅，打算看一些在失去重力的情况下的物理和化学试验。

“我们先来聊聊声音吧！”牛顿先发话了，“从大家都还能说话，能听到对方说话，我们就可以知道在这里声音可以像在地球上一样传播，说明火箭里的气体仍然可以发生震动。”

“为了证明这个事实，合唱团来唱一首歌，大家觉得可以吗？”有人提议。

“太棒了！”拉普拉斯赞同说，“还可以用乐器伴奏呢！”

大家都非常赞成，音乐家们纷纷把从地球带来的乐器和乐谱拿到会议厅，然后又用特殊的支架固定住自己的身体，以免身体在空中飘浮。乐队队长先起了个头，大家就在乐队伴奏下唱起了歌，大家仿佛很久没有这样听音乐了，每个人看上去都非常开心，很多人甚至忘记了自己是在太空中。当演奏结束后，人们不停地鼓掌，还喊着让乐队继续，于是乐队又表演了几个节目才结束了这次音乐会。

“可以知道。”牛顿说，“在这里，我们的声音传播和在地球上是完全一样的。”他思考了一会，继续说：“在地球上，我们是靠重力测量出物体的重量。当我们移动物体时，能清楚地感觉到它的重量，物体越难以推动，说明它的重量越大……但是在火箭上，不管我们是用弹簧秤、天平或者杆秤，都无法测出物体的重量。我们能知道，在失重状态下，无论什么重物放在秤上，秤都不会有任何变化。不过我们还是可以利用一些仪器来测出物体重量的，例如特制的离心机，当我们用手让它停止旋转的时候，就会感觉到重量。物体在以一个速度运动的时候，越难让它停下来的重量就越大。还有在物体和物体相碰撞时，重量大小也会表现出来，即为重量与撞击力度成正比例。”

伊万诺夫接着说：“在太空中的运动总是直线、永恒、匀速的运动，这是

在没有空气阻力的条件下发生的。虽然地球和其他的天体会对物体运动产生影响，但是在火箭里，还有火箭周围几十千米内的范围是无法察觉的。”

“大家看，我这里有一个水银制成的气压计。”富兰克林说，“因为在这里没有重力影响，无论管子多长，水银柱都可以把管子填满。但是普尔顿压力计或流体压力计因为它们内部的气体压力作用在管子上或者盒子上，所以它们还可以在失去重力的情况下正常工作。”

“普通的钟表因为失去重力，它的钟摆无法摆动，所以无法显示正确时间。但是怀表和其他不是利用重力的机械和仪器都可以使用、可以正常运作，例如缝纫机……”

“在鼓风条件下，火力发动机也可以工作，不过锅炉里的水和汽混合在一起没办法分开，会使这种发动机严重损坏……”

“物理学是讲完了吗？”英国人稍一沉默，一个中年技工问道。

牛顿说：“嗯，我们下次再继续吧！”

“各位！”一个青年技工表示异议说，“我们现在先好好休息一下，喝喝茶或咖啡，然后接着听。我对火箭里爆炸管的作用问题还不明白呢。”

“这主意不错！”很多人都赞同。

于是大家都在一个大罐子的周围，把自己的身体固定在支架上。这个罐子里装的是茶，用电把罐子里的茶加热几分钟，然后把茶放凉几分钟后，一个人往罐子里加了点气，之后每个人都把罐子周围的小管子放入嘴里，然后每个人根据自己的需要打开龙头便喝到了热乎乎、香喷喷的茶。

大家喝完茶后又有了精神，把茶具收拾好了，继续津津有味地听讲。

牛顿对那位年轻的技工说：“我正想说您刚才提到火箭的爆燃管问题。在太空中，因为失去重力，不管是赛格涅洛夫轮，还是水磨或是水轮机都不能工作，它们无法转动。现在让我们给大家看看火箭的喷漆装置。这些装置是利用与重力无关的各种反作用力来工作的。大家看，小船里的弹簧把船上的小球弹射出去后，小船便往相反的方向运动……我们又看这个小箱子，在箱内压缩气体的压力下，它向外面喷水柱，然后它在往水柱喷射的相反方向运动着。”

“水蒸气可以用炸药来代替。”拉普拉斯插话说。

“是的。”牛顿表示同意。

“这倒是没错。”一个青年有不同意见，“这些装置在气体介质里可以运作得很好，但是这些物体是被气体推动的，如果没有它来支撑，运动也就停止了。”

“我们乘坐的这个火箭的运动和您的结论是相反的。”牛顿说，“你要明白，火箭是在真空中不断加速飞行了上万千米，它是利用燃烧物的压力推动的。”

“大家可以看看我们现在能让这些装置在真空中运动。”伊万诺夫插话说。

摆在大家面前的是一个装满了压缩空气的小船，它拴在了气筒底盘眼上的小圆柱上，这样，它就可以围着气筒柱轴绕圈圈。然后科学家们用一个大钟模样的罩子罩着它，并用气筒从中抽出气体。

“你们看，当罩子里的空气变得越来越少的时候，小船的运动并没有停止，反而变快了。罩子里现在是近乎真空的状态，但是只要小船里的压缩空气还存在，它就不会停下来。”

牛顿指出，“这是惯性的原因，惯性是气体固有的，就像其他物质也具有惯性一样。”

“那喷气式装置的基本原理又是怎么一回事？”一个人问道。

牛顿回答：“假如在失重环境下，有两个小球，在这两个球之间有一条压紧的弹簧。如果把弹簧松开，两个小球就会分别被推向左右两个方向；如果把两个橡皮球紧压在一起后，再放开，也会有这样的现象。我们可以假设有个装着压缩气体的管子，它的一头是开口的，那气体就只会对管子密封的那一头施加压力，这时候在压力作用下，管子就会快速移动。如果它向右移动，那气体就是向左溢出。这个装置原理就和我们的火箭启动原理一样。”

一个青年司机说：“在这些实验中，气体的作用并不是最重要的，甚至还是一个阻碍作用。”

“完全正确。”伊万诺夫说，“不过还是没有把大气层的作用给准确描述出来。”

## 3. 火箭上的第二次聚会

大家吃完午饭后休息了一会儿，便又到会议舱去了。

“各位！”牛顿说，“神经不太好的朋友暂时别参加，因为我们现在打算打开窗板观看外面的奇妙景色。”

牛顿继续说：“我们的光能和食物储备都不多，所以我们从现在开始改用日光……”

打开一扇窗板后，便把会议厅里的灯关上，这时，从窗口射入了一束刺眼的阳光……其他窗板也都陆陆续续打开，比较大胆的人往窗口飞去，然后都不由自主地发出感叹。

“哇，天空都是黑的！”

“星星好多啊！”

“而且有好多种颜色啊！”

“都还是看过的那些星座，但是星星怎么变多了？它们看上去离我们好近啊！”

对于第一次看到的太空，大家惊讶得快合不拢嘴了。有人在另外的窗口看见了距离遥远的地球。最初他们都不知道自己看到的是地球，是到了后来才知晓的。

虽然距离很远，但是能够很清楚地看见地球的中部，从点点洁白的云朵中间，显露出了湖泊、岛屿和陆地的轮廓。地球看上去像一个变了形的半球地图。

“我们居住的地球长得好奇怪啊，它是凹的，就像个大盆子，人就在这个大盆子里生活。”

“因为有的地方有高山，有的地方有盆地，有的地方是平原，所以地球边缘是不平的。边缘外一片雾蒙蒙的，远些便是被大气层笼罩而变得有些灰暗的云朵。”

“地球、太阳、星星离我们好像很近，仿佛伸手就能够触碰到。有不少星星是蓝色的，也有很多五颜六色的星星。”

有些人被这样神奇的景象给吓到了，都不敢往窗外看，还赶紧把自己头上的窗板关上，然后打开灯；有些人则是迫不及待地飞来飞去，到窗口观看欣赏这神奇的景色，然后不停地感叹议论。

“各位，”牛顿说，“我们的火箭最多花上100分钟就能绕地球一周，当到40～50分钟的时候，火箭转到了地球的阴面，因为太阳被地球遮住了，我们就只能看见地球边耀眼的霞光和被月光照亮的半球。”

“我必须先给大家提个醒，承受能力不强的人们别惊讶……在这时候的地球相位越来越小，阴面和阳面界限使得山脉和高原投下巨大的斜影。在我们的眼中就像是群星在高速运动，并朝着地球落下。”

黑夜临近了，映入眼中的满是各种闪亮的星星。

不知是谁喊了一声：“太阳边缘被地球边缘遮住了。”

过了几秒钟便只能看到半个太阳，再过几秒钟，太阳就消失在人们的视野中，到处是一片漆黑，过了几分钟，大家的眼睛才习惯这样的黑暗，然后又看见了地球周围壮丽的霞光。在太阳消失十多分钟后，霞光逐渐扩散成绚丽的血红色的巨大光环，把整个天空几乎分成两半。这时从这个窗口换到另一个窗口，就能看到另一面的天空上是数不清的星星。它们像雪花一样，不断地飘落到那壮丽霞光的海洋中。没多久，太阳又出现了，大家被这耀眼的阳光照射得眼睛发黑，过了许久才缓过来。

“夜其实不长啊！”一位青年技工说，“总共也就半个小时左右！”

“这是日食。”一个同伴纠正。

“其实都没错。”伊万诺夫说，“这也是夜，只要我们的火箭一直以这个速度飞行，夜一直都会是这样短的时间。”

“你们感到夜晚冷吗？”牛顿问道。

“没有。”从各方传来回答声。

牛顿说：“这是因为火箭上有隔热层，而且夜晚很短，再就是地球表面向火箭辐射它的光热。所以，就算是夜晚，火箭的温度最多会下降1℃，或者更少。”

富兰克林插话说："虽然这里的夜晚白昼很短，但是我们可以按照大家在地球上的作息时间来生活。需要睡觉时，大家就把窗板关上，便是黑夜了；需要干其他事情时，大家可以打开电灯，便把它当作白天就好。在这里，我们不会遇到什么危险，因此也不需要哨兵值班。"

许多白天和夜晚转瞬即过，但是其实也就只有10来个小时。在这些短暂的夜晚，有一晚，火箭在他们的故乡喜马拉雅山的上空飞过，在大家的眼中，是熟悉的雪山，只是他们看不到城堡，就算用上望远镜也看不到。拉普拉斯想到了一个办法，利用光发送莫尔斯电码。于是他们按动10万瓦特的电弧灯开关，慢按时是长光，快按时是光点。他们就利用这样的办法给城堡里的人们发送电报。

大家决定去睡觉，要像在地面上一样把觉睡好。我们的朋友们睡足了，又喝了淡咖啡，人人精神焕发，又到会议舱集合了。

"各位请注意听好我所说的话。"牛顿向大家说，"现在，我们都只是观察欣赏了太空，虽然也研究了新的生活条件，也学习体会了，但是我们的食品储备并不多，在食物耗尽前，我们要解决一个问题，在太空中找到生产生活必需品的方法。这样我们就可以在太空中停留更长的时间。"

"我们可以设法种植一些粮食蔬菜，实在不行，我们可以再回去。"一个人说道。

这话一出得到了许多人的响应，可是也有一些持不同态度的人。

"在这里怎么弄到粮食和氧气呢？"

"实在不行，我们可以回去呀！"一个年轻的机械师说。

"没错啊！反正大家都不吃亏……"

"难道回去不好吗？"

"我老觉得有些不舒服……"

"好像少了点什么。"他们说。

"有些无聊，想干活儿！"

伊万诺夫说："这事好办。这里有很多脚踏机床，大家可以用它们来干活。"

“你说得倒是轻松！”一个工人略有不满，“这里可没有重力，我只要一蹬踏板，就会飞到上边了！”

拉普拉斯解释道：“大家看到机床上的那些皮带了吗？它们已经固定在地上了，只要把脚和腰套进去，人就能固定住，但是不会限制活动。”

这么一来我们的反对者们也都没了反对意见。可是，却又出现了一些心情糟糕的人们，他们为感受不到重力而烦躁。

有一个人说：“我想看到水是怎样流动的，石头是怎样掉落的，想要踏实地坐上一会儿，躺上一会儿。”

牛顿回答说：“其实不用回家也可以做到这些事情。在这里没有比制造重力更简单的事了。只要火箭中部作横径旋转运动，每个舱室都会因为离心力而产生重力，这时两端舱室重力最大，中部最小。火箭里的物体都会沿着火箭纵轴方向下落，水会流动，大家也可以像在地球上一样。”

所有一切都安排好了，大家开始工作，在疲惫的时候，大家又希望可以像之前一样。于是火箭停止旋转，重力便消失了。

“各位，我们现在可是非常清闲，趁着现在还有足够的食品储备，我们要做正事了！”牛顿提议说，“火箭的一面有一排窗户，如果把全部窗户打开，阳光就会直射进来，不过我们现在还不需要这么多光线。我们可以利用这些光线来培育一些特殊的植物，它们能给我们提供氧气和食物。”

“这样的话，我们的食品储备的消耗速度可以减少好几倍。”伊万诺夫补充，“而且火箭上有些特制容器可以收集大家身体的分泌物，然后用作植物的肥料。”

阳光直射、没有虫害、合适的温度和湿度，不到一个月的时间这些植物就茁壮成长，还结出了美味的果实。只是这些果实还满足不了大家对食物的需求，而且它们还会消耗一些氧气。不过植物种植还是进行得很好，所以决定未来在火箭外部建造温室，到时候就可以满足大家对食物的需求了。

## 4. 穿上宇宙密封服

在植物成长的时候，大家也没有浪费时间。只是从窗户观察宇宙已经不能满足他们了，为了更好地观察宇宙空间，大家换上了特制的宇宙密封服来到火箭外面。

一次，一个人说：“所有事情都很满意，只是我们永远不能飞出火箭，到无边无际的太空中去。只在这里往外看，能看到什么？”

“为什么不可以？”牛顿反问，“为了可以飞出火箭，早在地球上，我们就做好了准备。我们制作了特别的服装，它和潜水服很像，有供给呼吸和吸收身体分泌物的装备……”

“那为什么我们不能打开窗户或门飞出去呢？”有人天真地问道。

“火箭上的门窗是不可以打开的。”拉普拉斯答道，“因为一旦打开门窗，火箭里的空气就会跑出去，我们会马上窒息死去。而且太阳直射也会让没有进行防护的人丧生。”

“可是在地球上，我们也没有因为太阳光死去啊！”不知是谁说道。

“那是因为照射到地球上的太阳光被大气层减弱了。”富兰克林说，“但是在酷热天气和高山顶上，日光很容易穿透大气层，所以在这种情况下，人的皮肤会被晒伤。”

“那怎么办呢？”一个急切想进入太空的人说。

“放心，这些问题，早在地球上就已经解决了。”牛顿接着说，“伊万诺夫，请你把在太空中生活用的服装拿过来。”

“我马上拿来。”

几分钟后，伊万诺夫拿着两件宇宙密封服过来了。

“我给大家解释一下服装的结构。”伊万诺夫指着服装说道，“火箭再飞行一段时间后，我们肯定会降落到行星上的。那里的环境和地球是不一样的，我们没法直接呼吸。所以为了可以呼吸，我们就要穿上这种特制的服装。大家可以看到，它把全身都包裹住了，包括脑袋。制作服装的布料不会渗透气体和蒸汽，而且柔软轻便又结实；它的头盔面部是透明的特殊材料，可以让人看到外面的景象；服装上还有可以渗入气体和蒸汽的保暖厚垫，在垫内有可以补充氧气的氧气箱。每个人一天只需要不到 1 千克氧气，而服装里储备的氧气足够用 8 小时。整套服装质量不超过 10 千克，大家穿上后不会觉得过分沉重。”

“以后我们需要穿上这种服装在空气稀少的温室里工作。”富兰克林提醒说。

“而且在建造温室的时候就必须穿上它了。”牛顿补充说。

“各位，现在谁打算穿上它，然后飞到太空中去？”拉普拉斯问道。

其他人都躲开了，除了两个很年轻的技工。于是这两人穿上了宇宙密封服。他们一副很高兴的模样，还做出各种滑稽搞笑的动作，和大家开着玩笑。两人的声音就算是隔着宇宙服都能听到。

## 5. 从火箭内走出，来到太空

“hello，两位，可以出发了吧！不过这样你们会热的。”牛顿一边对穿上宇宙服的两个人说，一边拿出两件轻薄肥大的白色袍子给两人。

“把它穿上，扣好扣子，别让它掉下来。”他嘱咐道，“当你们感到冷的时候，就可以把袍子敞开，或者也可以撩起衣襟。如果你们打开袍子，宇宙服的温度能够达到27℃。”

“但是，也可以达到更高的温度。”拉普拉斯补充说，“只要用白袍把身体没有受到阳光照射的部位遮起来避免散热，同时把阳光照射的部位的袍子打开，就可以得到更高的温度了。不过在高于20℃后，人会感到不舒服，所以通常我们需要降低温度，而不是升高温度。”

这位英国人对已经穿好白色袍子的两人说：“当你们从火箭飞出去后，只要在你们走出去时推上一下，你们就会向火箭的反方向飞驰，并且无法停止，然后你们会飞上很长的时间，也许是很多年，直到再次遇到火箭。当然，在还没有遇到火箭前，你们就可能因为缺氧或者饥饿死亡。”

“什么！”两人惊叫起来，满脸的惊慌失措，纷纷嚷着不要出去了，要把宇宙服脱下来。

“你们胆子真小。”牛顿说，“别着急，听我把话说完。首先，你们可以放心，你们两人是绝对安全的。因为，一开始我们就会用链子系在你们身上，然后再让你们出去。这条绳子大约有一千米长，你们随便怎么飞，想回来就可以回来。”

“如果绳子断了怎么办?”虽然有了安全保障，一个岁数大些的人说。

“没关系。我们会给你们一人一个小爆燃器和望远镜。爆燃器可以按照你的控制来爆燃，然后你们可以利用它产生的能量飞回来。而望远镜是让你们找到火箭的位置的。”富兰克林说道。

“如果我把炸药都用完了，我怎么回来呢?”一个穿白袍的人问。

“爆燃器里的炸药是非常充足的，不过还是要节约使用。上面有显示炸药数量的计量表，别把它用光了。而且就算你们失踪了，我们也会找到你们，把你们带回家的。”

“但要是找不到的话，一切就都完了!”一个人说，虽然他的表情有些沉重，但是因为隔着宇宙服，看得并不真切。

“不会有事的，我们起飞吧!”另一个人安慰道。

他的果断又鼓动了几个人，这几个人纷纷要求换上宇宙服飞出火箭外。

“棒极了，不过要等到以后了。现在只能让装备齐全的人飞出火箭。”拉普拉斯说。

给两人带上所有必需品后，其中一个人进入了一个密闭的狭窄的匣子里。这个匣子有两个舱门，在白袍人进去之后就把舱门紧闭，并抽出一些空气，之后再打开另一个舱门，白袍人推了一下，就飞进了宇宙中。接着也是用同样的方法把另一个人也送进了太空中。

大家的脸都贴在窗子上，眼睛一直看着飞出火箭外的两人。他们清楚地看到两人怎样飞向不同的方向，绳索怎样伸展。两人飞过来飞过去……突然，有一个人身上的绳索断开了，然后便飞走了，大家几乎看不见他。突然，他的身影出现了，他启动了爆燃器改变了飞行的方向，让自己飞回火箭。

两人发出回来的信号后，便一个接着一个飞了回来。和飞出去一样，他们通过匣子回到了火箭上。大家纷纷祝贺两人，然后提出各种问题。

“请等等，让我们休息一会儿，待会儿我们会告诉大家我们的感受的。”

## 6. 白袍人谈自己的感受

太阳落下又升起。休息了两个小时后，两位旅行者来到会议厅，人们把他们团团围起来，急切地想要听两人诉说他们的感受。

“出去的门打开时，我看到我站在火箭的门口，我吓到了，忍不住打了个寒战，然后就把我推到火箭外面了。我本以为自己对于飘浮在空中已经习惯了，可当我发现自己脚下是看不到底的深渊时，我开始头晕目眩，直到绳索完全松开，我才有些清醒，我让自己镇定下来。顺着绳索看去，火箭仿佛是个小细棒。身上的白袍子挡住太阳光线的辐射，让我觉得有些冷，可能就是因为冷，让我清醒了过来，于是我赶快顺着绳子迅速地飞了回来。当我看到自己接近火箭，看到窗户上的你们时，我的心情平静了许多。然后，我顺着绳子在太空里飞上一阵。后来胆子大了不少，就干脆解开绳索飞起来，到快看不到火箭时，我就启动爆燃器飞回来。你们都是看见我像陀螺一样旋转，可我自己却觉得自己是静止的，反倒是整个太空里的一切都在围绕着我急速旋转，甚至火箭都在围着我转，它看上去，一会儿在我的左边，一会儿在我的右边，唯独我是静止的，而整个宇宙都在围着我转……过了一会儿，太阳跑到了我的脚下，我仿佛要掉落到那火红的热焰中去了，我感到自己的心跳都快停止了。又一会儿，在我脚下出现了地球，当时我就在想，如果现在我坠落到地球上，不是摔落在高山上变成肉饼，就是掉到海里被淹死……当我一直往前飞的时候，我怎么都不相信我是运动着的，还以为自己在原地，只不过火箭离我时近时远罢了。”

“火箭确实是移动了。”牛顿指出，“不过它只移动了不到 20 厘米。”

讲述者继续说道：“我觉得是因为我用绳索拉火箭，所以火箭是听命于我……但是其实是我自己在旋转造成了太空和周围的一切在运动的假象。”

“没错。”

“我没有什么可以说的了。”另一个白袍人说，“他都说得差不多了，我的感受和他一样，只是我没有头晕目眩罢了，不过我最初也是害怕的，但习惯了就不害怕了。”他继续说，“太空是多么的自由辽阔，阳光耀眼美丽……而地球上却是这么拥挤，当我在太空中漫游时，看到太阳光没有得到利用，我就觉得很可惜……”

牛顿说道：“很抱歉，我得打断您的话，只是一小会儿。您让我想起一件很重要的事，我们得先把这事弄清楚。你们看到火箭表面是什么样的吗？它本来是亮晶晶的。”

“好像发白了吧……我没有留意到。”一个人回答说。

“现在是暗银色，没有光泽感。”另一个人说。

“是因为火箭穿过大气层时产生的高温导致火箭外壳变成这个颜色。”伊万诺夫说道。

牛顿说：“到现在为止，我们都在给火箭加温，浪费了不少能源。不过可以停止了，我们只要在火箭表面盖上一个黑色罩子，就能得到理想的温度了，白天我们要是觉得热的话，可以把罩子叠起一些，露出部分火箭外壳。现在，大家都到火箭外做这个工作吧。”

## 7. 再一次的座谈——关于太空生活

大家各自离开去吃东西，然后休息，几个小时后又都聚在一起。

牛顿对一位白袍人说：“上次你的谈话中，提出在太空中生活的可能性，这个问题很有趣。我们现在来说说这个问题……”

“我还有许多不明白，”一个听众打断了牛顿的话，“您能不能挪出一些时间先解决我的几个问题？”

“当然可以，你请问吧！”

“为什么他们两人在离开火箭后，没有受到地球引力的作用掉到地球呢？”

“其实原理很简单。当人离开火箭后，速度与火箭速度相同，其离心力和地球引力相同，所以是掉不到地球上的，就像月球不会掉到地球上是一样的。除非人失去速度，不然就会靠着惯性一直运动下去。”

“这个我知道……但是太空为什么是黑色呢？”一个人问道。

“您爬过山吗?”拉普拉斯问道,“您发现了吗?当高度增加的时候,天空也会逐渐变黑。到了10千米的高空时,飞行员看到的天空不像我们平时看到的蓝色,而是灰暗的颜色。空气的颜色是蓝色的,当没有空气时,蓝色也就没有了。而这里没有空气,当然也就看不到蓝色了。”

“那火箭里的空气呢?”对话者又问道。

“这里的空气太稀薄了,是无法看到蓝色的,只能是透明的,当空气有一定厚度的时候,才会看到蓝色。”

“这个我也明白了……可为什么会有这么多星星呢?而且又耀眼又五彩斑斓的,但为什么不闪烁呢?”

“这也是因为没有地球大气层。在地球上,大气层的密度是不均匀且时常变化,因此光线穿过大气层时是不规则的,当光线射向一旁,星星就好像在振动。而在太空里,是不会有这种现象的,我们看到的每颗星星都只是明亮的圆点。在太空中,星星没有大气层的阻挡,所以我们看到的是星星原本的颜色,因为星星本来就是有许多颜色的,我们在地球上看见的星星,是因为大气层把星星的光折射了,所以我们只看到一种颜色。”

伊万诺夫说:“大气层除了会吸收和散射星星的光线,还会削弱星星的光线。白天里大气光线比较强,遮挡了星空;到了晚上,这些反射光线会减弱星光,而那些较暗的星星就会看不见……所以我们能在太空中看到满天星光。”

“可又为什么我们在太空中感觉不到自己在运动呢?”传来一位技工的声音。

“是因为在太空中没有像在地球上那些参照物。在这里没有空气阻力,没有震动摇晃,也没有好像在后退的田野房屋。就拿我们现在搭乘的这个火箭来说,我们在火箭里,我们相信自己是运动的,但是一旦走出火箭外,我们就很难相信这点了。”

“现在没有人再提问了。”牛顿说道,“那我们就来聊一聊在太空中生活的优势吧!”

“我觉得最大的优势是,在我们搬东西的时候,就算是再笨重的东西也不需要花费什么力气。”有一个人说。

“我们不需要火车、轮船等交通工具，更不需要煤炭柴火。”另一个人说。

“我们只需要花上一丁点的力气，就能让我们的运动速度变得飞快。”第三个人开口说。

“我们建造的房屋也不会因为重力而损毁……”

“在这里，我们不会摔倒，不会碰伤，不会打碎碗碟，更不用担心天花板掉下来或者墙倒下砸伤人。这样多好啊！”

“确实不错，而且这里还有辽阔的空间、充足的阳光……”

“各位！”牛顿说，“这些当然很美好，可我们也不该忘记在这里也是有危险的。”

“什么危险？”周围的人一阵吵闹。

“如果这里的窗玻璃被打破了，或者墙壁穿了个孔，空气跑掉了，我们就会马上死亡的。虽然说窗户上的玻璃是双层的，非常之坚固，但是不小心的话，也是有打破的可能的；虽然墙壁是金属制成的，可也是会有磨损的。”

听到这句话时，不少人都惊恐地看向四周。

“大家先放松，我们暂时不去想新生活的不好，而是去想它的好处吧！”拉普拉斯说。

“这里的温度能够从 0℃ 上升到 100℃ 以上，是不稳定的。”伊万诺夫说，“不过我们可以用漆黑火箭的方法，让火箭的温度上升到适合人类生活的温度。这样，我们就不需要穿过于厚重的衣服了。”

于是，这次的会谈决定之后尽量轻装，并提高火箭的温度。

富兰克林说道：“这里的温度不会很低，因为地球不断把光线反射过来，让火箭升温。而且让火箭升温也是很容易的事情，只要把火箭表层涂黑和通过保护层保温就可以了。”.

“这就能让我们利用太阳能进行工厂的制造工作的设想成为可能。”

“我们可以利用球面镜反射太阳光，然后获得热量。一般在地球上我们无法获得太高的温度，不过在太空，可以获得大约为五六千摄氏度的高温。”

伊万诺夫说：“这就表示在这里，我们可以进行冶金生产了。当然，这些工作需要在火箭外进行。而且太空中没有空气，不存在金属和工具氧化的问题，得到的金属也会更优质。”

“我们在这里没有感觉到重力，可是我怎么都不明白，地球离我们并不远，为什么我们就感觉不到地球引力呢？”

牛顿回答说，“那我再从另一个角度来解释一下吧！月球离地球也很近，你们有感觉到月球的引力吗？引力是存在的，但它只对海洋的潮涨潮落有影响。每个行星及卫星都是由它们的重量决定的，而在火箭里，引力是由火箭重量和形状等所决定的，但火箭的重量实在太过于微不足道了，所以它的引力也是感觉不到的。”

“可是没有引力有时候会非常糟糕。”另一个中年人说，“火箭里经常有许多碎屑乱飞，灰尘也浮在空中，怎么打扫它们？水也是四处乱跑……洗漱也很不方便……”

拉普拉斯说：“大概是你没有注意，火箭里是由一些特殊过滤器过滤空气，把杂质给过滤掉。一支笔会无缘无故浮起来吗？通常是我们不小心碰到的缘故。而且你可能还没有去过火箭上的浴室。”

“对的，我还没有洗过澡。”一个人说道。

一个年轻人开口：“浴室是直径为 3 米的大圆桶，上面有盖子盖着，不过有一个孔。桶可以绕中心原地旋转。水大概有半桶这样。在洗澡的时候，桶会慢慢旋转起来。这时水涌向桶壁，因为离心力，在桶内的人会在斜面上，泡在齐胸深的水里。洗澡很舒服……还有各种洗澡用的工具。”

“奇怪，我怎么不知道？真想洗澡啊……”

拉普拉斯说：“人造重力可以利用除了火箭以外的其他设备制造出来。我们只需要让液体旋转起来就可以了。大家会看见在罐子转动的时候，液体不会从罐子里飞出来。”

“我超级喜欢洗澡。”年轻人说，“这里的水为什么一直都是干净的？难道常常换水吗？可这里的水资源很有限啊！”

“因为采用了过滤、分馏等各种物理化学方式来净化水，还把水煮沸或采取其他方法来消毒。”伊万诺夫解释说。

## 8. 座谈小结

“我们总结一下今天的谈话吧！”牛顿发言了。

“太阳可以满足我们需要的温度，我们不需要过多的衣服；没有引力能让我们非常轻松地移动，而且能不费力地搬运东西。只要我们建造一些温室，饮食和呼吸就能得到保证。利用球面镜，我们可以获得5000℃的高温。高温和真空可以进行金属焊接、冶炼、铸造、锻压等生产工作。虽然这里没有地球上那些美丽的风景。”牛顿一边指着地球隐约可见的轮廓，一边说道：“不过只要我们想，随时都可以回到地球。”

伊万诺夫插话道：“现在我来说一下在这里会出现的问题和苦恼。因为离地球太近，在这里没办法用简单的方法获得低温，但是低温对于太阳能发动机和太阳能工厂的生产非常重要。”

“这个容易解决。”牛顿说，“只要离地球远一点就好了。如果说新建立的居住点在地球轨道之外，把太阳围起来形成一个环，就可以得到更多的阳光空间。而且那里的能量要更多，也更容易把温度降低。”

“您说的没错，低温问题解决了。”伊万诺夫同意道，“可是我还要指出其他问题。虽然说火箭里敞亮舒适，但其实这里就像一个牢房。尽管说不需要衣服，但要是走出火箭外面就得穿上宇宙服，而这种服装比一般服装复杂多了。”

富兰克林说：“宇宙服是到太空中的每个人必备的。如果说只生产几件、几十件会昂贵，但是大量生产的话就能够做到价廉物美。”

“确实。不过我们住在这些房屋里，每时每刻都可能会失去空气并受到死亡的威胁！”俄国人说。

“那我们现在不也一直在面对这种威胁吗？将来这里会有许许多多有智慧、团结的居民，他们可以想出更好更多的方法，一定可以在未来的某个时刻消除各种存在的威胁与不幸……不过可惜，我不能预见未来改善后的一切。”牛顿补充说道。

“说不定到那时候，人类在太空中行走都不需要宇宙服了。”富兰克林说道。

“各种好的主意和想法是说不完的。”拉普拉斯感叹地说。

“各位，我们先停下来洗个澡放松一下吧。”一个人喊道。

大家都赞成这个提议，于是他们向火箭里的浴室飞去。浴室里放着一个几乎把整个舱室占满的大桶。他们让大桶转起来，在失重情况下，大桶因为惯性一直转动。然后他们脱下身上的衣服，打开大桶上的孔门，一个个飞了进去。因为桶在转动，水贴着桶壁呈圆筒状。大家飞到水里去，流动的水把他们一齐转动起来，大家都高兴地泡在水中。在这里洗澡的独有特点便是可以头对着头，脚可以朝外伸开，其他都和在地球上没有差别。或许是高兴起来了，大家开始在水里打起了水仗，尖叫声、大笑声在浴室里回荡。

## 9. 温室

人们再一次召开了会议，这次会议由牛顿先来发言。

“现在，我们需要关注一下我们的生活问题。”他这样说道，“火箭上的食物储备越来越少了，它们已经慢慢变成了植物的肥料。不过火箭里种植的水果、蔬菜不需要这么多肥料，而火箭的面积太小了，没办法继续多种植水果、蔬菜，所以我们需要建造一个温室。之后我们就可以不用消耗备用的食物和氧气了，温室里的水果、蔬菜可以供给我们所需的一切。”

“为什么不把温室和火箭分开呢？”拉普拉斯发表意见，“植物需要的是二氧化碳和水等等，这些植物必需的东西并不适合人类。温室也不需要多大，只要能让人自由进出，能够进行采摘和管理就好了。而两米左右粗的圆筒就能够满足了，还可以最大限度地节省材料，你要知道我们的建筑材料储备也是有限的。”

“当然。”牛顿表示同意，“我认为温室的部件都已经准备齐全了，而且也符合你所说的要求……我们把温室和火箭用两根细管子连起来，其中一根可以把火箭里的二氧化碳和人的分泌物输送到温室，而另一根则可以把温室的植物所产生的新鲜空气和臭氧输送给火箭。但是这些工作必须要有泵才能进行，不

过火箭上有太阳能发动机，所以不是问题。”

“在这里种植水果、蔬菜也相对容易。”富兰克林说，“这里的土壤经过高温消毒，不会有野草，更不会有病菌和害虫。而有益的细菌，类似豆科的根瘤菌等，则需要自己来培育。总的来说，在这里种植植物不用担心有杂草、病虫害，只需要注意土壤、温度和空气就行了。”

已经在栽培前就把植物所需的液体和土壤的成分都调配好了，用泵自动灌溉植物，用快速气喷法来帮花进行受粉。而且，没有重力，使得植物可以自由生长，并且果实也不会把枝条压坏。

“要建造温室，是不是需要我们飞到火箭外面才可以？”一位技工问道。

“这是当然的。”牛顿说，“难道您不愿意吗？”

“不是的，我反倒是很想去火箭外面看看。我还没有出去过呢！”那个人说道。

“因为温室的气压较低，也不适合人呼吸，所以我们不管是采摘果实或者进行管理都必须穿上宇宙服。”伊万诺夫说。

## 10. 温室的建造

过了几小时，他们开始建造温室了。他们取出所有建造温室需要的材料。其中的主要材料是些精制的大圆筒，它是用一种特别坚固而有弹性的玻璃制成的，玻璃中镶嵌有方形的金属网；还有一些球状零件、金属装置和薄金属板，等等。把这些材料放到特制的小舱里后，接着把小舱推到火箭外面。

之后他们也穿上宇宙服飞到火箭外面干起活儿来。活儿非常轻松，不管是多大件的东西，不用费力就可以搬动了，只需要把零件稍微接上一点就不会掉下来。建造温室由一位组长来指挥，每个技工的宇宙服上都系着一根绳子，所以他们可以像平常一样说话，只是当大家同时开口时，就谁也听不清谁说话了。没过多久，温室的外壳已经接好，大概外形已经显露出来了，只差部分位置还没有焊接到一起，还有些漏气。

焊接这个工作是把透明和不透明薄板焊在一起，是个挺轻松的活儿。大家是在温室的四面进行焊接工作，他们用各种姿势来干活，不论是哪种姿势都感到很舒服。

因为不是太复杂，焊接工作很快就做完了。接着就是检查温室是否漏气，如果有漏气，就把漏气的地方再焊好，然后再次进行检查，直到确定温室不会漏气为止。建造好的温室是大约长 500 米、直径 2 米的大圆筒。筒上有一个大窗户。尽管筒子看上去很大，不过并不重，而且非常坚固、光滑，不容易损坏。如果玻璃被打破了，也不会发生漏气。因为玻璃中有金属网，即使裂开也不会漏气。当玻璃受到强烈撞击，也会弹回原位。

剩下的工作是把装有一半液体土壤的器皿放到温室里，然后在温室里充上稀薄的空气，把种子放进器皿里，装上温度、湿度、肥料和气体组成调节器，并调试好。

器皿是用不透光的金属制成的，里面装满了半液体土壤，上面有许多小洞，小洞里放着种子或秧苗。在大圆筒的中部，还有两根和器皿同样长的细管，上面满是小孔。其中一根给土壤输送气体，另一根给土壤输送液体肥料。气泵时时刻刻都在工作，让混合气体渗透整个土壤。另外还有几个水泵为土壤压送液体肥料。

最后，温室建造好了，种子也种好了，它开始正常运作。没多久，种子冒出了绿芽。因为阳光直射只能照到一部分温室，热量分布不均匀，所以为了全部幼苗都能照射到阳光，会适当地转动土壤管。土壤管的转动可以是自动的，也可以在火箭上进行手动调节，同样肥料和水分也可以在火箭上进行手动调节，不需要人换上宇宙服飞到温室里进行这些管理。

各种蔬菜、水果的生长速度飞快，都是以小时来计算的。许多水果生长 10 ~15 天就能采摘一次。温室里还种了许多矮苹果树、矮梨树和其他水果树，它们不停开花，然后结果。一些树还在开着花，另一些树上就已经结出香甜的果实了。西瓜、甜瓜、菠萝、樱桃、李子长得特别好，温室试种很成功。不过需要经常给树木剪枝，各种果实的采摘可随时随地进行，因为没有一年四季之分，世界各地的大部分水果、蔬菜都可以在这里茁壮成长。只是目前还不可以种植大树，因为温室的高度不够，土壤肥料也不够。

人们经常去温室里摘果子，也当是去散心。当然了，还是得穿宇宙服，因为温室里的气体和水蒸气的压力不超过 20 毫米汞柱，是正常大气压的1/40，虽然说非常适合植物生长，但并不适合人类。水蒸气远没有达到和温度相对的饱和度，因为叶子和土壤蒸发的水分在温室的特殊部位凝结了。因此，水蒸气弹力在 4 ~ 10 毫米汞柱，二氧化碳、氧、氮等气体也非常稀薄，不过这对植物生长的影响几乎可以忽略不计。

特别是植物种下去的最初那一段时间，大家都非常喜欢到温室去看它们一点一点成长起来的过程，大家也都非常满意。整个空间布满了茂盛的果树，人们要想从这些水果、蔬菜中走过去，必须得小心翼翼地行动，就算是这样，也有许多已经熟透了的果实被他们碰掉。因为没有重力，这些果实在没人触碰时，是不会掉的，就算掉了，也是飘浮在空中，到处乱窜，直到撞到树杈上被卡住，才会停下。

穿着宇宙服进温室是件麻烦事。穿上宇宙服后的人要从火箭里飞出太空，然后再飞进一个连接温室的小舱室，关上和太空相通的门，再打开通向温室的门后，才能进到温室，这非常麻烦。

后来，大家用一个通道把火箭和温室连上，这样，去温室就方便多了。穿宇宙服的人只需要进入连接舱，然后把连接舱里的气体抽掉，再打开另一个门，就可以进入温室。如果之后他还想从温室到太空中去，可以进入有两扇门的温室过道，同样是把气体抽掉后，打开通向太空的门，就可以飞出去了。

## 11．无忧无虑的生活

现在，我们的朋友们生活得相当惬意了。虽然储备食物已经吃完，但温室能够不断地提供美味的水果和蔬菜。大家吃得越多，肥料也就越充足，生产的营养物质就越充分，当然，这也是有前提的，就是在固定尺寸的表面上能够获得多少太阳能量。大家因为活动少和低温下保持体温，所以消耗的能量很少，非常容易发胖。

现在他们的生活完全处于自给自足的状态，这种状态可以一直持续到生命的最后，只要死亡不来临的话……

大家差不多每天都会洗澡，所以浴室也改成了比较方便快捷的喷淋式，它是利用太阳能发动机带动离心力制造的人工雨，可以向四面八方进行喷淋。

当无所事事的时候，大家就会无聊，所以会想找些事情来做。他们打算把这里发生的一切通过电报的方式全都详细地告诉城堡里的人们，但是电已经用完了，只能想其他的方法来发电报。

据参加考察的俄国学者计算，平面镜与毛玻璃相比较，在同等条件下，平面镜的反射能力要强上 4 万倍。而一个 1 平方米大小的镜子反射的光线等于一个边长 200 米的正方形银镜反射的光线，所以在距离数千米远的地球上，是可以看得到的。因此，大家能够用镜子反射的光线向地球发报。用轻微晃动，使镜子按莫尔斯电码的规则忽快忽慢地闪光。当人们看到这样的闪光就会明白，并且能用莫尔斯电码读出来。

## 12. 一颗奇异的星

许多人在日出前、日落后发现了一个奇怪的现象，有一颗十分明亮的星星在飞速运动，大约每一秒就隐现一次。起初大家还以为那是个在发电信号的飞艇，可又觉得不太像。因为飞艇的灯光有几盏，而且是长明的；后来经过对信号的分析，大家发现了完全无法想象的内容。虽然说以前也有乘坐火箭飞船离开地球的传说，可大家都认为是无中生有罢了。现在，大家突然收到了这样一封电报：

“2017 年 4 月 10 日电，2017 年 1 月 1 日，一共 20 人搭乘喷气式火箭从喜马拉雅山起飞，现在正在离地面 1000 千米左右的高空环绕着地球飞行，平均每 100 分钟绕地球一圈。我们还在火箭上建造了温室，在里面种了水果、蔬菜，已经收获了几次。所以，我们大家的营养充足，生活快乐，身体也健康，在这里生活较长的一段时间是完全有保障的。四周是无边无际的宇宙，完全能够养活成百上千亿人口。若是地球上的人口太多，生活劳累，可以迁移到太空来。这里能过上如天堂般幸福的生活，特别适合体弱的人们。想要知道详细情况的人们，可以和我们的起飞地点进行联系，那里有我们成果的详细资料，还有制造喷气式火箭的详尽方式。”电报上还附上了一批知名人士的名字。

一些电报员收到了这封电报，并在报纸上发表了它。科学家和院士们也开始进行研究，确认了电报内容的正确性。人们非常激动，能够飞上太空，并且能够在那里居住，这是多么振奋人心的消息啊！

这令人振奋的消息传到了世界上的每一个角落，所有人都充满热情地投入到了这股浪潮中。有哪个人不向往到广阔的空间去生活呢？体弱的人想去那里延长他们的寿命。那些居住在喜马拉雅山上的人们成为大家的关注焦点。

数不清的科学家和实践者都来到了喜马拉雅山上的城堡，他们在那里研究科学家们留下的资料，还开办了许多天文和喷气机械学校；建立了专门制造宇宙火箭的新型工厂，培养了大批机械师、技工和工人……大家都非常认真努力，在短短一年时间内，专门用作移民的几千架喷气式火箭造好了。

## 13. 太空放哨

这段时间里，在火箭上的人们又干了些什么事情呢？他们花了许多时间来回答每天地球上提出的问题，过了几个月后总算满足了人们的好奇心。于是他们决定考察地球周围的太空，便向地球发出了电报：

“我们将要考察地球周围的空间，暂停电报联系。”

全体人员又来到会议舱。

牛顿开始说：“我们已经告诉了地球上的人们我们所做的工作、感受和发现，也请他们好好利用这辽阔的太空，在这里过上无忧无虑的生活。而且我们也为人类移民到太空打下了技术基础。我们已经没有留在这里的必要了，我们要到更远的地方去考察、去研究。”

“我们要继续旅行了！”火箭内响起一阵欢呼声。“要知道，我们还没有研究地球周围的空间，就连到月球轨道的空间也还没有进行研究……那里很大，能够获得的阳光也比地球多上几千倍。温室的水果、蔬菜能够保证我们的物质。”牛顿继续说，“所以我们需要带着它一起飞行。”

拉普拉斯说：“我们还是使用炸药吧，这样，火箭可以像拖船一样把温室拖走。”

“现在已经没有必要使用强烈的爆燃喷气了。”伊万诺夫指出，“之前，火箭的加速度为每秒100米，以致产生了比地球上还要大上10倍的重力。为了避免因为重力造成死亡，我们必须泡在水里。而现在火箭只需要万分之一的压力就够了，加速度只需要1米每秒……”

富兰克林道：“也就是说相对重力只有地球上的千分之一，所以我们是感觉不到的。而且这样的重力既不会造成温室损毁，也不会伤害到里面的植物。至于火箭，就更不用担心了，它原本就是耐高压的。”

“飞行不会对我们的生活有太大的影响。”拉普拉斯说道，“虽然我们轻轻动一下自己就会让自己飞起来，不过我们只要把自己拴稳就不会掉下来。我们也会和以前一样，感受不到这么小的重力。”

牛顿接着说：“让火箭慢慢加速的原因是为了可以绕着地球做螺旋飞行，并可以看清楚地球的周围空间。当绕着地球螺旋飞行逐渐离开地球而接近月球轨道时，不可以使用强力爆炸急剧加速飞行，这样的话，温室会适应不了巨大的重力而毁坏。如果非要这样，我们就只能拆掉温室，把零件搬回火箭里，但是这样非常麻烦而且浪费时间，再者就是拆了温室，我们赖以生存的水果、蔬菜就没有了，备用的食品也没有了，那我们吃什么？拆掉温室前摘下的果实根本不够我们吃上两个星期。而再重新种的话，需要等很长时间才能收获果实。”

“实际上火箭只需要每52小时加速到每秒1千米。这段时间，火箭会绕地球飞行十多圈，并慢慢远离地球。因为远离地球，火箭的实际速度就会降低。当到了月球轨道附近的时候，速度会降到每秒1千米，现在是每秒7.5千米……我们可以时而停止爆燃，时而加快爆燃。”牛顿做出小结说。

“为什么我们不能直接从地球轨道绕太阳飞行呢？”一位在场的人说，“太阳周围和更远的火星，还有其他小行星，不是更有意思吗？那里比地球和月亮之间至少要大100万倍呢！”

四周响起一片笑声："比地球大上千倍的面积，他已经觉得是荒凉地带啦！"

"这当然是完全可能的。"富兰克林说，"但还是小心谨慎为好……我们先研究一下地球的周围空间没有坏处，可以看看那里是否适合人类居住生活，会不会有什么是影响人类移民的。而且，月球附近也挺有趣的……或许我们可以到月球去看看。"

"听上去是挺有意思的。"会议舱的气氛活跃起来。

突然一声巨响，大家纷纷扭头查看四周。

"先生们，是谁敲了火箭？"

响声很不寻常，好像是从火箭外面传来的，不少人脸色都吓白了，有一些人立马飞到舱门那里。

"各位！"一个向窗外看的人惊叫起来，"有个东西正离开火箭，会是它撞上了火箭，然后又弹走了吗？"

听到他这样说后，大家也都纷纷飞过去看。

"这是块陨石。"伊万诺夫说道，"也就是说是天上的石头，一般是微小的行星或者彗星的微粒……"

陨石慢慢地飞远，变得模糊不清。

"等我们换上宇宙服再到火箭外面去，陨石早找不到了。"牛顿说。

"我想我们是不是需要时常有个人穿上宇宙服在火箭周围放哨值班呢？"拉普拉斯提议道，"这些陨石是由铁、镍、碳和氧化物等物质构成的，或许有用处，我们是不是该把它们抓住？"

大家都赞同这个建议。等安排好值班表后，马上有人换上宇宙服出去放哨。

"我估摸撞到火箭上的陨石是个地球卫星，它的撞击力很小，很有可能是绕着地球转动的微型月亮，速度和火箭差不多，与火箭的相对速度近乎为零，所以对我们构不成威胁。但是要是流星就可以把火箭和温室撞得粉碎了，不过大家也别担心，这样的概率很小，就像陨石砸到行人头上的概率一样小，所以我觉得没必要为这种事情放哨。"

“若是没有危险，放哨还有必要吗?”伊万诺夫说，“那只要用望远镜从窗口观察四周就可以了。等发现了再报告，到时候就让人去抓这个有趣的小东西。”

于是又决定让放哨的人回火箭，而那人也没有因为被叫回火箭而不高兴。

# 第五章 飞上月球

**读前动动脑：**在太空中的科学家们已经把地球周围的空间考察和研究得差不多了，他们打算飞往月球，这一路上他们会发生什么事情呢？登陆月球后，月球又给他们展现了一个怎样奇妙的世界呢？

## 1. 决定飞往月球

起爆用的是两个对称放置的爆燃管，炸药消耗得很少。

大家对爆燃声已经习以为常了，好像是听惯了钟表嘀嗒声一样。它们好奇地看着四周，不过还是看见那一片漆黑，巨大的月牙形地球，正在散发着耀眼光芒的太阳，以及许多银色斑点——那些不闪烁的星星。火箭下落的力量非常小，根本影响不到火箭里的生活和游戏。

一个正在搜索陨石的人说："我感觉我看到的地球和地球上的陆地、海洋变小了。"

"这是火箭螺旋飞行离开地球的自然结果。"伊万诺夫回答说。

一天的时间变长了，虽然说黑夜的时间因为火箭速度变慢而似乎延长了，但相比白昼的时间仍是越来越短。每当火箭绕地球转一圈，原来几乎布满天空的灿烂晚霞变得越来越小，光线变得越来越暗。天空比之前也要暗了不少，而阳光依旧炽热。

他们都坐在自己的舱室窗边，用望远镜向窗外观看。刚开始有几个很小的陨石进入他们的视野，但是大家没有去捕捉它们，因为距离太远。后来，陨石变得多了起来，有一些在缓慢地移动。他们换上宇宙服，把这些陨石给抓回了火箭，收集了许多陨石标本。经过分析后发现陨石含有不少物质：铁、镍、硅石、矾土、氧化钙、长石、铬铁、铁的氧化物、石墨以及其他一些单一的和复杂的物质。纯铁、镍和燧石是最常见的。

牛顿把陨石拿给大家看，并把化学分析结果告诉大家：“大家看这些陨石，它们是非常优质的建筑材料，它里面有我们需要的氧，是植物需要的土壤。不过这些氧与其他物质化合在一起了，但要使氧分离出来成为气体是件很简单的事情。我们要知道这里有最充足的能源——阳光……”

“而且我们还可以从石头里提取出水来。”富兰克林说，“因为在一些长石和燧石中是含有结晶水的。”

“棒极了！”伊万诺夫接着说，“矿物学家对这些矿石中的元素是非常熟悉的，因为地球岩石里也有它们。当然，那些掉落在地球上的陨石里也会有这些元素……”

“如果说太空里的岩石成分与地球上的相近，那为什么我们不能把这里作为人的居住处呢？”

离地球越远，就会有更多的陨石，甚至有些陨石的直径可达几米，只是大家对于这些陨石只能视而不见，因为火箭无法带上这样大的陨石飞行。一个年轻人发现，在地球和火箭之间的陨石，运动速度一般都比火箭快，可离地球远的陨石就比火箭速度慢，让人以为火箭是不运动的，而陨石则像是朝着四面八方飞去。他建议利用与陨石的相对运动，不需要消耗炸药来让火箭增速或者减速，只要把陨石挂上就可以了。

“这个主意很不错。”拉普拉斯说，“但是很可惜，现在我们还无法利用它，因为没有合适的设备。若是那样做的话，可能火箭和我们都能够承受得了挂靠时导致的震动，可温室就不行……”

地球变得越来越小了，白昼的时间也延长了，黑夜则变成了日食，不过时间长达几个小时，而白昼的时间却相当于地球的几个昼夜。月球时大时小，很有趣的样子。慢慢地，火箭离地球越来越远，离月球越来越近，月球的大小和地球变得一样了。地球在火箭绕它旋转一周的时间里，大小并没有变化，当火箭远离地球时，地球就变小了，而月球就在半天内变大，到了极限，之后又迅速变小到比在地球上看到时还要小。当火箭飞到月球与地球距离的五分之四处时，再看月球就会和地球一样大……不过这一时刻已经过去了……

因为白天变长了，阳光直射的时间也增加了，水果蔬菜在阳光照耀下繁茂生长。月球对火箭运行的影响也开始变得明显。火箭速度在月球引力作用下变得时快时慢，火箭的飞行轨道也被改变了，甚至好像要撞到月球上，当然，现在没有达到那种程度。

最后，火箭终于和月亮保持一致飞行，它用与月球同样的速度和方向绕着地球飞行，两者永远不会相遇相撞。

等到火箭飞到距离月球和地球相等的地方时，就会出现这样的情况：已经没有黑夜了，只有偶尔的日食，可以说，连续不断的白天到来了。这时火箭与月球间距离固定不变，因为大家感觉火箭是静止的，所以也觉得月球和地球是静止的。但其实它们都在群星之间运动，因此大家就会觉得是整个星空都在运动。

## 2. 要飞往月球吗?

现在大家已经对地球周围和它与月球之间的空间进行了非常全面的考察研究。得出的最后结论是这个地方是安全的，基本不会受到陨石干扰，人类可以移民到这里。于是他们将这一情况通过电报的方式告诉给地球上的人们。他们已对地球周围、地球与月球之间的空间进行了全面的考察。

“现在人类就要移民了！”牛顿宣布道，“我们需要讨论我们的下一步行动了。因为我们已经把我们该做的事情完成了，也可以安心了。火箭的爆燃已经停止，大家现在是在月球附近，它对我们不会造成伤害，对火箭的运动也不会造成太大的干扰，大家的生活所需和以前一样有保障。而火箭的位置其实只是相对于月球和地球发生变化，相对于太阳和群星的位置并没有发生变化。”

拉普拉斯说：“现在在我们面前有三条路可选，一是登陆月球，对它进行全面考察研究，确定它对地球有什么意义和作用；二是通过爆燃让火箭永远离开地球，并在地球绕太阳的相同方向轨道上进行公转，这样可让我们观察太阳的周围……最后就是火箭会失去相对于地球的速度，然后火箭会因为地球引力作用开始向地球坠落，5 天后，火箭就会撞在地球表面，然后粉身碎骨。”

“不，最后这个选择是最不可取的！”人们喊起来。

“我们也可以推迟去太阳周围旅行。”

“我们不如试试登陆月球吧！”大家纷纷赞同第一个选择。

“到月球去是完全可以的。”牛顿说，“可我们不能够把温室带去。因为火箭在月球附近减速，到导致火箭和温室产生相对重力，尽管说这个重力很小，可对于温室来说还是无法承受。”

富兰克林说：“那我们就必须把温室留在这里，把足够的食物和氧气带上火箭飞去月球。只是这样的话，我们不能在月球上待很长的时间，特别是大家都去。但让谁留在温室也不合适，因为人穿宇宙服的时间不能超过 6 小时，就算时间可以稍微延长一点，可长时间穿着宇宙服也是非常难受的。”

“要不把温室拆开，放回到火箭里，到了月球以后再装上。之后需要回来，再把它拆开不行吗？”有人提出意见。

“这个问题我们之前已经谈过，是不可行的。”伊万诺夫指出。

牛顿说：“那就只有不带温室去月球，然后在月球停留短一些。我们这几天多摘些水果、蔬菜，留作储备食物。温室里的调节器可以在几十小时内进行正常工作。”

大家对登陆月球的问题又讨论了很长时间，努力找到可实现的解决办法。为了方便以后找到温室，大家提出在温室上装载一个巨大的可缓慢移动的多面镜，它可以反射光线，能够让大家在几千千米外就可以发现它。

## 3. 在地球上发生的事

人类在制造去太空所必需的喷气装置、温室部件，还有新的仪器，进行试验时发挥了他们丰富的想象力，然后展开一系列的争论。对于移民到太空这件事情，有人反对，有人表示无所谓，更多的人是拥护。现在地球上已经有许多关于在太空生活的著作出版。特别是那些描绘了未来的移民生活的插图图书异常受孩童们的喜欢，再者就是青年人，然后是成年人。不少老人和妇人还是对这件事情抱有怀疑，不过年轻人基本都是非常期待的，只是女孩子们没有男孩子那般兴奋罢了。

世界各地都在召开演讲会和各种会议，大批学术团体和科学院都在报告他们的考察研究成果。

大家等待着参加第一批飞行，每个人的心情都兴奋而焦急。他们收到在太空的旅行者们的电报，电报上告诉人们，他们顺利地对地球到月球的空间进行了考察，现在已经结束了。大家得知这一消息时，无一人不是兴高采烈的。

在哪些人能够成为第一批移民这个问题上，人们产生巨大的争议。世界上一半人口表示愿意参加，但不少人内心还是想着让别人先去，我以后再去也不晚。

孩童们想象着他们怎样在太空到处飞翔玩乐。大人们则是在想摆脱那沉闷的阴天，享受着灿烂的日光该有多么美好而快乐啊。体弱的人、病人、老人都迫切地渴望温暖的日光，尽管他们不能接受新生活中的许多条件。他们渴望那幽静安详、悠闲的生活环境，但又对这样的环境是否存在表示怀疑。而穷人们则是为他们能够摆脱缺衣少食和肮脏窘迫的生活而开心不已。

“大家都是光着身子的，有什么可害臊的，大家都一样！”他们说，“或者还有人会因为自己的身材美好而自豪也说不定呢！”

“要消灭那些令人厌恶的寄生虫得做多么艰苦的斗争啊。富人还好，可那些穷人、体弱多病的人多数情况下都得忍受虫子叮咬的痛苦。特别是那些气候炎热又不发达的国家，这些虫害还没有完全消灭。”

所以温度可以从0℃升到150℃，大家都非常高兴。

“就是说我们居住的地方能长期保持30～35℃的温度。”大家说，“人体保持不动的状态，处于这样稍低于人体体温的温度中，身体消耗的能量会达到最低，也就是说较少的饮食就能够满足人体所需的营养了。”

因为食物是水果、蔬菜类的，这样素食者们非常高兴。但肉食者们就有些不能接受了。

“可是也没规定说不能在那里养家畜、家禽吧?”那些爱吃肉的人说。

“不可以，这是不允许的。”素食者们说。

这个问题引起了争论，最后证明了是不能在太空中宰杀牲畜的。

为了早点参加移民，病人和老人们准备好一大笔钱。医生们也都再三讲解太空有永恒的阳光，温度适宜，环境又非常幽静，不需要耗费多大的力气就可以轻松地翻身，不用担心长期卧床而导致长褥疮，而且也没有传染源。

“光着身体是不文明、不道德的。”有反对的人说。

“也没人不让你穿衣服。”拥护者反驳说。

“男人女人都裸着身体，这太荒唐了!”卫道者大惊小怪地说。

“久而久之，大家就会习惯的!”赞成者说，“只有那些心灵邪恶的人才会胡思乱想，这些人也没有必要移民到太空了。本来就不用每个人都去，地球也需要有人居住。起初应该先让少数身体健康、道德品质良好的人到太空去，然后再大量移民。”

在火箭里，大家都不需要交通工具，也不需要公路，更不需要克服重力、摩擦力、空气和水的阻力，但空气还是必需的。在火箭内，可以不穿衣服，到火箭外旅行就穿上宇宙服，不管是哪一种，大家的活动都不会受到阻碍。

“火箭跟监狱会有什么区别?”怀疑者嘀咕着。

“那怎么会是监狱，那里不但宽敞，而且生活设施齐全，环境优美，现在地球有多少人能够享受得到这样的条件，又怎么会是监狱!”赞成的人反驳道，“而且只要我们愿意，我们随时都可以换上宇宙服出去。火箭外可是辽阔浩瀚的太空，随你去哪儿飞行。”

怀疑者又说道：“宇宙服这么重，眼睛还被玻璃挡住，这样也能说是衣服，而且还限制人……”

“虽然说宇宙服很沉重，但在太空中，我们根本感受不到它的重量，因为没有重力。不管怎样，它也比因纽特人，还有雅库特人的服装方便多了吧。再者说，现在的宇宙服还不够尽善尽美，但是以后的科技更加发达了，它也会改进的，会改得便于人们行动，到那时候，你们就会感叹它的精美了!”

“到太空旅游，能看到什么呢?一片漆黑的天空和那些一成不变的星星，除了这些单调的景色，能有像地球上的蔚蓝天空、湛蓝大海、巍峨高山、幽深密林、鸟语花香这样的美景吗？在地球上，我随时都可以看到这样的美景，可以听到春雷响彻天际、小溪潺潺、海浪翻滚和风拂过树叶的声音，这些在太空中都没有。”

“确实不错！”拥护派又反驳道，“可有多少人会花时间去看这些美景，去听这些美妙的声音呢？而且火箭的温室里有着数不清的鲜花，香气扑鼻，茂密的绿叶装扮着温室，大家随时都能感受到，而在地球上的这些美景是需要人刻意去寻找的，已经疲惫不堪的人们又哪来的时间去寻找、去欣赏美景呢？在那里，我们可以了解学习科学，可以和来自世界各地的人结交，完全可以弥补看不到诗意的美景的遗憾。而且我们可以通过阅读相关的图书，还有观看相关的影片得到一些满足。再者，并没有说在太空居住的人们就不能回到地球上去欣赏这些美景，他们可以回到地球，只怕是他们回到地球后会失望。在太空中是多么的无忧无虑，在地球就不一样了。这就像怀念故乡的人，他觉得童年和青年时在故乡的回忆是多么的美好，当动身回到故乡时，一切都只是脑海中的记忆，现实中只剩下无尽的感叹和失望。”

“虽然很多人说没有重力有多好，比如墙不会倒塌，天花板不会掉下来，人不会摔跤，站着不会花费力气，搬动重物不费吹灰之力，等等。可我们要知道，很多情况下没有重力是很不方便的，就比如洗漱、洗澡、上厕所。”

一位当过物理教师的人说：“如果你们认为重力很重要，这很简单，如果要让房屋旋转起来，需要费很大力气。而在太空中，旋转可以永远不停止，完全不费吹灰之力就能实现。除此之外，在太空里连重力的大小都可以由我们来控制，想让它比地球的重力大就能大，想要它小就能小。再说说温度，离地面很近的时候，温度无法降得太低，因为有地球热辐射；但离地面越远，温度就会降得很低。而现在太空旅行者们所在的地方，那里的温度可以降到近乎绝对零度，也就是零下 273℃。这个温度对重工业有着极为重大的意义，因为这样的温度在地球上获得是非常困难而且昂贵的。而在太空，能够在同一个时间内得到两个温度，一个是 150℃，一个是 -250℃，其中相差 400℃，冶炼金属时根本就不需要鼓风了……这些都是巨大的财富，而且这样的优越性还有许多，可以说是举不胜举……”

物理老师又说：“因为地球表面是球形的，加上有日夜的交替和大气层的吸收，所以地球能够获得的辐射能量是在太空获得的辐射能量的八分之一，而地球上空的云雾还会再将这个数字减少不少。再者那里没有病虫害，又有合适的湿度、光照和肥料，这些条件下，可以让水果、蔬菜得到在地球上无法想象的大丰收。一个小小的温室就能够养活一个人了，还不需要过多的操心和照顾，还没有杂草，不用除草。虽然没有燃料，可是要它干什么呢？那里根本不需要它。”

有人讥笑物理老师说：“要是你一个不小心把温室和房屋里的气体给放跑了，那你要怎么办？那可全都会玩儿完了吧？”

“在太空上，对于这个关乎生死的事情当然要谨慎了。就好比把荷兰大坝凿穿了，那么得把荷兰淹掉啊！”

“但是气体渗漏是难免的。不知您怎样补充？”

“那水也能从大坝渗出，可也不会造成灾难！”

“而且有陨石和小行星，它们含有气体和晶体水，还是建筑材料。一颗直径 1 千米大小的小行星就够许多人用上很长一段时间了。这样的小行星在太空中要多少有多少！”

“可都还没见过这些东西呢！”

“我们的旅行者们不是发来电报说，已经看见了许多直径 10 千米以上的小行星吗？而且还收集了一套陨石的标本。在地球上的博物馆，我们也能够看到许多陨石，它们的质量越小，数量也就越多。如果说直径为 10 千米的陨石有 1000 个，那再小点的陨石就多到数不清了。只是以现在望远镜的倍率，我们还无法看到。”

像这样的争论还有许多次，当然不可能全部说到。人们讨论的差不多都是这些意思。因此，这里选择了争论中一些最具有代表性的观点。

## 4. 建立新移民点

人们按照前面所说的样式，把火箭造好且装备好。几千艘火箭一个接着一

个有序地飞离地球，巨大的轰鸣声、一道道明亮的火光，让人们兴奋不已。最先搭乘这些火箭出发的人全都是科学家、机械师、工程师和技工，他们个个精力充沛、年轻健康、聪明伶俐，是太空移民点的建筑工作者。

据专家们的说法，这批火箭会在距离地球3.3万千米的地方绕地球飞行，每绕地球一圈的时间刚好是地球上的一天。这里几乎每天都是白昼，每隔24小时会有一次很短的日食，但是算不上黑夜。这里可以在16度角的方位观看地球，而在这里看到的月亮会时大时小。

人们来到新天地，起初非常不适应，但没多久就适应了，开始熟悉环境，之后便开始建造工作……他们拿出建造温室的材料，组建成一个个温室，并打算把这些温室同时也作为移民的住宅。因此，温室的气压达到地球上大气压的五分之一，主要成分为氧，其次是二氧化碳和水蒸气等。气压虽然是比地球上低了一些，但飞到这里的人提前接受过训练，所以能够适应这样的气压。这样的气体成分不但有利于氧发挥活泼作用，而且能够减少温室的重力并使它的坚固程度加大。这些温室的构造与之前所建造的并不是完全相同的，温室壁只需要承受五分之一的压力，但里面的设施设备同样适合人类居住。

几千艘火箭装上物资运到太空，之后返回地球，然后再装上货物，又再次飞上太空。部分火箭留在太空，给建设者居住，而它们也可以随时飞回地球。

下降和升空时的情况、感觉和现象是一样的，只是方向和速度是逆向的。为了安全，火箭还在半空中时，就必须停止爆燃，将速度降为零，然后火箭就会受地球引力影响，开始落回地面，在落地时，火箭会有些震动，但没有什么危险。虽然理论上很简单，但实际操作起来是很不容易的。所以一般火箭会在离起飞地点不远的宽阔的湖面上降落。

第一个温室只用20天就建好了，它和之前说过的温室形状一样，长大概1000米，宽10米。可以提供100个人的住房和食物。窗户也是用特制的透明玻璃制成，并且在窗户中融入非常坚固的金属网，完全可以承受住气压和猛烈撞击。圆筒内的温度能够从－200℃到100℃随意改变。温室有三分之二的不透明部分被漆黑了，外面还装上一个百叶窗式的外壳。当温室的黑壳挡上的时候，则温室表面辐射的热量几乎不会流失，甚至可以让温室温度达到100℃。

当第二层银色的外壳拉开，黑色金属壳便露出来，向太空辐射热量，于是温室内的温度便下降了。当用金属亮壳把玻璃罩住，就可以阻止太阳能进来，温度也会降低，甚至可以达到 -200℃。如果第三层内壳也在进行工作，还能够让温度变得更低或更高，这就像热水瓶保存热水或冷水。温室中心有根装满了土壤的巨大管子，管内还有两根管子是给土壤输送空气、肥料和水分的。土壤管上有数不清的小洞，是用来种植水果、蔬菜的。一个银白色的网把温室隔成了两半，前面部分非常明亮，是人们活动的场所。后面因为浓密的枝叶挡住了光线，变得很暗，而且这里的窗户比较少，从那里能够看见星星、月亮还有地球。和这些窗户相连的是一大排舱室，一共有 200 个。其中有 100 间是给有家庭的人的，50 间是给单身男人的，还有 50 间是给单身女人的。每个家庭可分到两个相邻的房间，单身的人有一个房间。还有 6 个长厅是给人们聚会活动用的。

绿叶花朵攀蔓在不会生锈的银白色隔离网上，每个角落都芳香醉人。还能找出什么比用这花朵绿叶和芳香来做装饰的房间更加美好的吗？

每个房间只有一个门。单身女人住的房间门对着她们聚会的大厅，然后从这个厅又可以进入大家聚会的大厅。工作用的设备一般放在公用场所，也可以放在自己的房间。

大家聚会的大厅是这样的：当用绿色的隔网作为地板时，太阳正好照到人的头顶，就会看不到影子。如果不是有这些植物遮住阳光的话，人是承受不了这个温度的。厅宽 10 米，高 5 米，长 100 米，尽管说植物占据了一部分空间，可大厅还是非常宽敞。我们现在来看看房间又是怎样的吧！房间高 2.5 米，长 9 米，宽 5 米。人的脚对着太阳站立的时候，头顶上可以看到有几个小窗户，照入这些窗户的光线是地球反射光，在这样的光线下看书是不存在问题的。

我们要重点说一下温室里的温度调节器，它可以调节温室里的温度，最低可到 -200℃。温室外背阴部分有根金属制成的特殊的黑色管子，这是冷凝器，当空气不停地压入管子内，就会让管子内的水蒸气凝结，之后再把它从空气中分离出来。这些水会集中到温室两端，然后经过过滤后，供冲洗时使用。最后，这些用过的水会流入土壤管，用来灌溉和施肥。

因为是失重状态，所以温室内的空气无法流通，而且温室各部分被阳光直射程度不同，造成较大的温差。虽然温室旋转所产生的离心力可以让空气流动，但是这个离心力太小了。为此，科学家们使用了一些特制的鼓风机让空气流动起来，并使空气得到净化。他们还把几个温室连成星星的形状，让它们可以转动，使得温室透明部分可以时常被阳光直射。

不过现在我们回到那些到太空中考察的人身边去看看，此时他们正以每秒 1 千米的时速在月球轨道上旋转。等到建好的太空房屋的移民变多时，我们再去访问移民点吧。

## 5. 飞往月球

我们还记得，他们决定要飞往月球吗？之后他们又召开了一次会议，因为需要节约燃料和不让成为大家食物主要来源地的温室出现危险，他们的飞行计划有了较大的改变。他们决定只让两个人乘坐一个专门的火箭去月球。如果只有两个人去，爆燃力就会减少到几千分之一，就不需要太大的火箭了。为了让小火箭适合在月球表面活动，能够穿越峡谷山脉，就需要给小火箭安装由储备能源带动的轮子，因为月球上不能够完全依靠太阳能；还要对附加爆燃管的位置进行特别安装，用来消除在月球上火箭重力减轻的影响。

当人们在离他们很远的太空上建立移民点时，他们在设计登陆月球用的火箭和安排登月的人员。一位名叫诺登舍德的工程师强烈要求登月，伊万诺夫愿意同行。于是大家也就决定由他们两人进行登月活动。

告别送行的场景总是感人的。大家都穿上宇宙服为小火箭送行，直到小火箭在大家的视线中消失，他们才回到火箭里。爆燃和火箭的飞行方向相反，小火箭速度在很短的时间内就增加到每秒 2 千米。因为相对重力不大，两人都没有泡在液体里。尽管相对重力比较小，但是为了节约时间，小火箭通过爆燃把它的速度调到了和在地球上一样，现在因为不适应这样的重力，两人的脸色发白，手脚充血。两人因为在太空待得时间太久，现在已经不习惯重力了，速度的改变让两人感到非常的难受。过了 100 多分钟后，火箭停止了加速，两人才轻松下来，没有了刚才那样的重力环境，他们都不约而同地喘了口气。然后他们在火箭里伸展手脚，就像人们在疲惫之后睡倒在软被之中那样。

经过计算，从月球轨道到月球的距离大约为 120 千米。过了 7 天后，距离缩短了几乎一半。这时候若是不利用爆燃来降低速度，那么火箭轨道就会偏离，将永远到不了月球，所以又通过反向爆燃让火箭速度放慢，修正火箭轨道，让它更靠近月球轨道。又过了 5 天，火箭离月球只有 20 千米，月球也因为距离的接近变得大起来，证实了两人乘坐的火箭正在接近月球。前段时间，他们已经看过许多次月球忽大忽小的情况，现在它的变大暂时吸引不了他们，他们不过仍时不时看上一眼，两人知道再过一段时间他们就要登上月球了，他们心中有压抑不住的激动，谁说得清楚呢！说不定在降落的时候出现意外，他们有可能摔在月球上呢。

“现在我们是不是需要减速了？”诺登舍德紧盯着月球，言语间是不能遮掩的紧张。

“暂时还不需要。”伊万诺夫回答，“我们先等等，到火箭速度因月球引力作用达到每秒 2 千米时再减速。”

还有不少时间，他们时不时吃些东西，然后不安地看向四周。太阳依旧光芒耀眼，地球上的陆地、海洋和湖泊还能够清楚地看出轮廓，四周是一片灰暗的天空，上面是些发亮的恒星和行星。唯独只有月球越发地吸引两人的注意力。现在，月球看上去和地球一般大小，然后渐渐比地球还要大上几分，而地球慢慢在两人的眼中模糊不清。

过了一天，月球不再是以小时计算增大了，而是变成随分钟来增大，速度惊人。

“真吓人！”诺登舍德惊恐地看着正在急剧变大的月球，不由得惊呼。

月球上的海洋、高山、峡谷开始一点点地显露出来，然后慢慢清晰，还有点点耀眼闪光。

月球神秘而生动的形象慢慢展现在两人眼前。地面、山脉、河谷、峡谷，这些从未在地球上用望远镜看见过……两人是从“旁边”来看月球的，所以只看见了月球的半个表面。

“现在该给火箭减速了吧？”诺登舍德激动地问道。

“嗯，差不多了，就在几分钟后。”

在离月球20千米的地方，看到月球的角度为50°，这时看到的月球占据了天空的七分之一，在两人眼中它已然是一个庞然大物，尺寸比平时看到的月球要大上100倍。

火箭开始进行减速爆燃，这时两人又感觉到了重力，不过比之前感受到的要轻。两人坐在地板上，脚下的月球形状像把倒放的伞。

“我们在半小时后就可以到达月球了。”伊万诺夫说道。

脚下的月球在不停地变大，几乎占据了半边天空。两人的心也变得忽上忽下，心跳加速，就感觉像是要蹿上喉咙。他们没有一次像现在这样，山脉、河谷、悬崖、环形山都一清二楚地映入眼中。两人距离月球只有几千米了，反向爆燃也在加剧，火箭飞行速度变得越来越慢……

“火箭停止运动了！”伊万诺夫说。

然后爆燃方向改变，火箭开始加速飞向月球，只是一瞬间，月球到了他们的头顶上，离上面的山脉只有两三千米的距离。相对重力真是奇怪，它与月球引力相反，所以给人的感觉就是月球在头顶上。

幻觉实在过于吓人和真实，以致诺登舍德一直在嘀咕：“我们怎么能够在天花板上走路？”

“放心吧！只是幻觉而已。”伊万诺夫说道。

火箭的飞行速度下降到每秒100米。这时离月球只有2.5千米的距离了，然后只要让爆燃压力和月球引力相等，火箭就会依靠惯性飞行，大约是每秒100米。相对重力又消失了，月球又开始乱跑了，一会儿出现在火箭的左边，一会儿又在右边，一会儿上，一会儿下的。几十秒后，火箭和月球只相差500米了，小火箭的重力又改变了方向，这时两人觉得月球跑到了下面，再过了10来秒钟，小火箭终于降落在了月球表面，小火箭稍稍弹动了一下，这时小火箭让自己变成水平状态，用4个轮子在月球表面滑行了好几十米，小火箭这才停止了运动。

## 6. 在月球的高山和深谷中

火箭停在了月球表面。许久，两人都没有发出声音或者移动身体，火箭里仿佛死一般的寂静。过了一会儿，终于有人站了起来，是伊万诺夫。

他挺了挺胸膛说："我们终于登上了月球。月球的重力只有地球的六分之一。感觉也是这样吧？"

说完，他又伸展了一下身体，活动活动四肢。

因为每每只要爆燃，他们就能感受到重力，所以重力已经不能让他们感到惊奇了。但真正的重力、物体引力和相对重力三者之间是有差别的。火箭在加速或减速运动时，因为爆燃力度的不同，所产生的相对重力也不相等。爆燃在力量和方向上无法固定下来，所以所产生的相对重力会伴随着一些颠簸，就像是在骑马一样。不过相对重力是因为旋转产生的，就不会感到颠簸和摇晃。在物体旋转时，相对重力和引力没有什么区别，只是有些人会在旋转时感到一点头晕，大多数人是没有感觉的。现在他们在月球上的感觉就和在地球上的习惯一模一样，这让他们非常高兴。

"好像有些冷。"诺登舍德说。

"是的，似乎是有冷气透了进来。"

窗外一片漆黑，几乎看不清月面，天空是如墨般的黑色，上面布满了数不清的不停闪烁的星星。此刻他们看不到地球，这让他们感到有些凄凉、孤单，甚至有几分恐惧。地平线上是隐隐约约的锯齿状岩石。抬头就是一大片的银色群星。

"我们得知道，我们现在所在的位置是月球的另一面。这里从来都是看不到地球的。"伊万诺夫解释。

诺登舍德同意："没错，但太阳是肯定会出现的，我们就等它升起。"

"当然！那时我们就会看到在地球上从没看到的区域。对，到时候我们就能够看见在地球上从未看见过的月球的另一半。"

"可太阳什么时候升起？如果要再过几个小时的话，我们会被冻死的。"

诺登舍德说。

“应该很快就会出来了。”伊万诺夫答道，“你看，那里的地平线上有什么在发光！这好像是朝霞。”

“怎么可能是朝霞呢？”诺登舍德惊奇地说，“这里没有大气，也就是说不可能存在朝霞。”

“或许是有稀薄的大气，被太阳照射的高山将光线反射到了没有被阳光照到的高山。这些高山又向后面的山峰反射。这样就形成了特殊的朝霞。不过这个朝霞光芒很微弱，和地球的不一样。”

“你看，我们说话的时候，它变得更亮了。”诺登舍德看着窗外说道，“我还是觉得很冷，我们是不是把电炉打开呢？”

“你把按钮旋转一下就可以打开了。”伊万诺夫说。

“你看那在东边发光的是什么？”诺登舍德突然激动地喊道。

“应该是太阳照亮了一座山峰顶。”与诺登舍德相比，伊万诺夫要冷静多了。

“是马上要出太阳了吗？”

“不是。难道你不记得了？月球上的一天是地球上一天的30倍长，而日出也是一样的。”

“嗯，是我自己忘记了，如果说我们是在月球赤道上，等完全看到太阳需要60分钟。”

因为开启了电炉，火箭里变得暖和多了，两人的心情也好转了许多。随着时间的推移，山峰顶在日光照射下，一个接着一个亮起来。因为这些微弱的光，开始有些看得出四周的轮廓。在降落的时候，火箭并没有开灯，尽管之前是开着的，可是周围的一片黑暗在这样的情形下显得更为可怕，于是才把灯关上，而且从暗处可以看到星座的模样。

时间过得很快，在两人观看日出和那一座座亮起来的山峰时，一个小时不知不觉就过去了，太阳也升起来了，在两人的视野里慢慢显露出来，它的第一束光受到了热烈的欢迎。慢慢地，两人终于看到了太阳的全部，它和我们在地球上看到的很不一样。在这里看到的是明亮得发蓝的太阳，比在地球赤道正午的太阳还要亮上一倍。在阳光下，月球的景色更加清晰了。火箭是侧对着太阳的，因为有光亮的表面反射，火箭才不会被晒得太热。

“现在已经不需要电炉取暖了，太阳已经出来了。”伊万诺夫说，“麻烦你转动一下那个手柄，让火箭被太阳晒到的部分被黑色表面覆盖。”

“好了。”诺登舍德说。

才几分钟，火箭里就炎热难耐。

“是我忘记关掉电炉了吗？”诺登舍德花纹检查了一下开关说，“没有，我已经把电炉关了。”

“我已经满头大汗了。”伊万诺夫一边说，一边转动手柄到相反的方向。朝着太阳的火箭表面出现条状花纹，有的像炭一样黑，有的像白银一样。火箭里的温度降下来后，他们前后转动手柄，直到把温度控制在30℃以下。

“现在的温度刚好合适。”诺登舍德满意地说，“接下来我们需要做什么？”

伊万诺夫回答，“我们现在要先热身，活动一下四肢。然后去看看周围的景色，之后再坐着火箭绕着月球走上一圈，火箭已经装了轮子，可以直接行走，当碰到高山、环形山和沟壑时就可以利用爆燃飞过去，而且爆燃抵消了月球上的重力。”

“听上去棒极了。”诺登舍德连连点头，“空气是怎么样的？这里好像没有大气层，而且这里之前是漫漫长夜，温度应该会很低，土壤估计都冻上了。”

“现在月球的土壤温度是－250℃左右，因为太阳才升起来没多久，还没有足够的时间将它晒热。”伊万诺夫说，“不过都没关系，如果说脚下没有什么东西保护，不允许热量散发，那只会更坏。不管土壤有多冷，也要比太空中发出的热量多得多，太空总是从各种物体里吸收热量。”

“那我们要怎样在这寒冷的土地上行走呢？”

“我们换上宇宙服，把氧气装备好，然后穿上特制的鞋。这种鞋的鞋底几乎不会传热，太阳可以有效地将我们晒热。”

“我们不能等上一会儿吗？等到太阳将土壤晒热再出去？”诺登舍德问道。

“这样会浪费掉我们很多时间的，要知道我们的时间不多。而这里的土壤太冷了，要晒热的话，需要较长的时间。”

讨论之后两人决定钻出火箭，于是他们换上了宇宙服，穿上了特制的鞋子。诺登舍德第一个进入一个狭窄的舱室，它有点像橱柜，他把身后的门关上，之后走出外门，然后又将门严严实实地关上。伊万诺夫也是这样做。两人都踏上了月球的土地，他们的身边是装着轮子的火箭。因为火箭不用穿透空气，所以它的外形是椭圆的，有点像形状特别的老式马车。

在阳光照耀下，所有的一切都在闪闪发光。映入两人眼帘的是一片非常平坦的大平原，远处是一片连绵的大山。因为有阳光的照射，他们感觉不到土地的寒冷。出来的几分钟内，两人默默地站着观察了周围。他们总是时不时地转动身体，不然一边身体就会太热，而没被阳光照到的另一边身体又太冷。

从未见过的奇妙景象、轻巧的身体和那明亮温暖的阳光让他们兴奋起来。伊万诺夫两手放在胸前，脸上的笑容灿烂，而诺登舍德则是兴奋地一跳，只是轻轻向上一跳，结果跳了足有 4 米高，然后又跳了回来。伊万诺夫大步跑起来，大步地跳也跳了有 3 米的高度，足有 12 米远。如果再加上助跑，还能跳得更远，这不，他连续几次跳过了宽大约 24 米的裂缝。两人还举起路上看到的大石头，他们觉得它是空心的或是木头，因为感觉非常轻巧。在月球上，地球上重 98 千克的花岗岩只有 16 千克。如果往上扔石头，高度比地球上要高 6 倍，落下的时间也是地球的 6 倍。太阳非常缓慢地升高。月球上阴影的轮廓分明，不过因为周围有阳光照亮的高山丘陵的反光，并不是太黑。不能在阴影里停留超过几分钟，不然会很快流失热量，人会感觉到寒冷，这是因为站在阴影里的人是晒不到太阳的，很快就会冷下来，所以要赶紧跑到太阳底下晒晒太阳，然后才觉得温暖。

两人都只是轻轻一跳就可以跳过对方的头顶，还能不费丝毫力气就能举起另一个人。而且跳起来的时候，还能在空中翻上几个跟斗，就像是杂技一样。两人着迷地在这里玩耍起来，什么体操、赛跑的游戏，就像两个孩子一样，顾不上该做的正事了。

过了不久，两人玩得差不多了，也活动得差不多了。伊万诺夫用一只脚把表面的土壤踢开，土壤上有一层不是很厚的灰尘，而土壤下面是类似花岗岩的硬质物体。有些地方的灰尘会厚一些，还有些地方可以看到非常厚的沉积层，有的很松软，有的硬邦邦。他们用含有金属芯的特制温度计测量了沉积层深处的温度，是 -250℃。阳光把沉积层的表面晒得有些热了。有些高地上没有土壤，直接可见花岗岩体。几乎每走一步都可以看见好像非常轻巧的石头，远处是许多花岗岩巨石，还可以看到许多峭壁，再远一些就是高山丘陵了，它们看上去离他们很近。土地表面到处都是裂缝，有的很狭窄，有的则非常宽，甚至有的裂缝宽好几米。两人到处乱跑，这里瞧瞧，那里看看，轻松地跳过那些巨石和峡谷，然后时不时聚到一起交流。

诺登舍德说："我总感觉怪怪的，为什么我们看到的天是圆的，天穹是怎样出现的？"

"我能理解你的这种感觉。"伊万诺夫说道，"眼睛看到的所有远距离都一样，所以无论我们是看星星、还是看太阳或者月球都是同样远，就好像是固定在一个圆的表面上似的，因此产生了天穹是半圆的错觉。在地球上因为有大气层，所以我们看到的是蓝色。简单地说，因为空气的遮挡，我们总是习惯地认为物体越远就会越暗，因此在地球上看到天穹是扁的，而太空中是不一样的，因为这里没有空气，山脉和星星不会变得暗淡，这让我们感觉它们很近，就像小玩具。其实在地球的高山上也会看到类似的现象，只是轮廓不是那么明显。"

因为侧面的阳光作用让瞳孔缩小，所以两人望着太阳方向的时候，能够看到的星星很少。而当在太阳照耀下的山坡在他们眼前闪闪发亮时，也会这样。反之，从很少被光线照到的地方，也就是阴影处，特别是在深沟和峡谷里，可以看到特别多的星星。

太阳依旧慢慢地升起，就像一个老太太在走路，非常慢，要到达天顶，得花上 180 个小时。阴影部分还是非常多，离开火箭走得太远会有危险。

现在他们试图进入一个峡谷，在边缘处就可以看见，底下一片黑暗，深不见底。两人在侧面发现一个缓坡，于是他们就从这里往下走。不多久黑暗就将两人吞噬，头上是无数的银色星星，两人打开电灯。反射的灯光照亮了岩壁。有的地方似乎刻着方块字样的花纹，岩壁是热的；温度计在 5 ~ 10 米深处测到的温度是 20℃。伊万诺夫摸了摸石壁，感觉它有些像地球上的希伯来花岗岩，云母含量非常少。继续往下走，温度没有什么变化，感觉很温暖。到了 100 米以下的地方，越往下走，石壁就越光滑发亮。

诺登舍德刮下一点很亮的东西，喊道："这是金属！"

伊万诺夫回应说："月球表面是花岗岩，内部含有轻金属。看来，我们所在的这个裂缝是在大气被月球岩体吸收了之后形成的。"

两人在几个深度不同的地方敲下了岩石与金属的样品，然后从深达 1000 米的地方爬上去。不管是走下深谷，还是爬上来，都非常轻松。

两人走了许久，需要休息，然后吃些东西，补充能量。于是两人带上他们的收获回到了火箭，休息了一会儿，吃了些食物，又休息了一段时间，两人方才换上宇宙服离开火箭。

当重力存在的时候，活动虽然会耗费力气，但是要比在没有重力的太空中更自由方便，只是宇宙服有些限制活动。不过这新世界是多么的奇妙，已经无暇顾及宇宙服的不方便了。他们自我感觉非常好，不单单是因为来到这和地球有些相似的环境当中，更重要的是作为首批登上月球的考察者是多么兴奋啊。

两人来到离他们最近的一座小山边，登上了山顶，山顶是个火山口，里面一片漆黑，什么都看不到。两人不敢进入火山口，便绕着它的周围观察起来。有些地方的岩石非常平缓，而有的地方则非常陡峭，还有个别有崩塌的现象，可以看见下面峭壁坍塌后的残迹——杂乱的石头、成堆的碎石，越靠近火山口就越陡峭，还能时常看到美丽的玄武岩石柱。两人下山时，采集了许多岩石的样本。

"我似乎看到有什么东西在裂缝边闪了闪，然后藏起来了，是什么东西？"伊万诺夫说。

"我也看到了这样的东西闪了闪就不见了。"诺登舍德证实道。

他们比之前更仔细地观察裂缝洞穴，然后很容易就发现了这种闪动的东西。它们一会儿跑到这边，一会儿又跑到那边，当他们想要追过去的时候，这些东西就无影无踪了。后来诺登舍德拿起望远镜来观察这些东西。

"他们是活的！"他惊叫道，"你看它跑过平原了！看，它又躲进洞穴里了。"

“给我看看！”伊万诺夫迫不及待地从他的手里夺过望远镜，“看哪，它们是绿色的，背上有枝条，好像是会移动的矮灌木，我们应该能抓住它的。”

可是他们现在无法抓到，这种生物实在是太灵活了，只要他们一靠近，这种生物立马躲了起来。随着土壤温度的升高，这些生物变得越来越多，有的乖乖地晒着太阳，一动也不动，有的则是在洞穴之间不停地往返。它们有许多种颜色，就连形状大小也有很大的差别，它们的身体表面有些地方会有像玻璃一样的光泽，最小的缩在灰尘里，好像是在吃这些灰尘，而大的则在追逐这些小的，抓住之后便拖回洞穴，似乎是要吃掉这些小的。

“月球上的温度，”伊万诺夫说，“理论上说月球的温度可以在 -250℃到150℃之间变化。我们都清楚，在这样恶劣的环境条件下，植物是不可能在月球上生存的，更何况这里没有足够的水分和大气。”

“确实如此。”诺登舍德同意道，“可你说的是地球上的普通植物，如果说这里的植物拥有某种智能或者有活动的能力，能在月球上生存下来也是可能的。我们无法认定植物是否有这样的能力，就比如地球上有会吃虫子的植物。当寒冷的时候，谁也不会去妨碍植物躲到温暖的地方，比如深谷裂缝中，那里的温度有 22℃，是非常合适的，而太热的时候，这些地方也可以保护它们。”

“在这里，我从没看过有普通的有根系的植物。植物不能移动就会让它们在巨大的温差下死去。”伊万诺夫说，“而这些植物若是躲到深谷裂缝中去，它们会因为没有阳光死亡。”

“我觉得，这些能移动的植物，”诺登舍德说，“这些会移动的植物给我的感觉有些像是有叶绿素的海洋生物。那些最小的生物跟植物一样依靠太阳生存，而那些较大的生物除了依靠太阳之外，它们的食物便是这些更小的生物。这就像地球上的海洋一样，只是这里没有水和水生物罢了。”

“这里有灰尘，灰尘里含有氧、碳、氢以及其他生物生存需要的元素。”

“这些东西的身体外皮不怎么透气，让它们不容易脱水。”伊万诺夫说，“它们依靠阳光或吞食其他生物获得能量，或者说是两者都有，它们依靠这些生存活动，并有低级思维。”

“它们身体的叶绿素可以在阳光作用下，把二氧化碳和其他简单的化合物分解成碳、氧等元素，然后这些元素进行化合，形成了身体的复杂组织。”诺登舍德补充说，“一般生物自身组织在做功时对吸入的物质进行分解，产生简单的化合物，然后排泄出去。而这些月球生物并不是把这些废物排泄出去，而是由身体上的附属体靠着阳光再次变成组织，一直这样循环。这样，这些生物就能不用进食，不从外界摄取物质而生存。”

“我们现在没时间详细讨论这个问题了，也没有时间做实验了。我们先绕月球走上一圈，在我们生存所需的储备消耗殆尽之前离开月球，和朋友们会合。那里的温室有着取之不尽的食物。而我们在这里不能食用这里的生物，因为我们不知道它是否有毒，更何况我们根本抓不住这些东西。”

伊万诺夫说：“我们别坐在火箭里面行驶，我们可以在火箭上面的平台上坐着，那里有栏杆、座椅，还有可以升降的篷子。”

“我们向着太阳行驶，行驶在月球背面会更有趣，一是迎着太阳行驶，那里的温热的土壤会更多，这样我们可以碰到更多生物；二是月球的白天会很快过去，晚霞会更早出现，那时候我们可以看到更多有趣的现象。”

“没错。”伊万诺夫很赞同这个建议，“那我们先休息一会儿就出发吧。现在再收集一些矿石，这样我们的岩石样品会更齐全。”

过了几个小时，两人舒舒服服地坐在火箭平台上的椅子里，火箭沿着月球赤道向太阳的方向驶去，速度每小时 10 千米到每小时 100 千米，看路面情况而定。行驶的路线穿过平坦的河谷，绕过大山还有那些火山口，所以路线是蜿蜒曲折的，于是太阳时而照到这面，时而从那面照射，甚至有时还照射在后背。

因为火箭快速向东行驶，太阳似乎变得活跃了许多，升起的速度变快了。当火箭以每小时 15 千米的速度行驶的时候，太阳的运动速度加快了一倍，以这样的速度，只需要花上 45 个小时就能走完赤道的一半。

“你看。”诺登舍德指着太阳说，“太阳向东方落下了！”

“看到这样的现象是因为我们为了绕过西面的那座高山，正在朝反方向急速行驶。”

“要是这样的话，岂不是可以指挥太阳了，我们想让太阳怎样运动就可以让它怎样运动?”诺登舍德说道。

“没有错。”伊万诺夫答道,“因为月球很小,而它赤道点的移动速度要更小,只有每秒4米左右。若是用这样的速度沿着赤道行驶,而方向相反,那火箭的转动就会抵消,太阳就永远不会移动。若当时正好是夜晚,那永远都会是黑夜,正好是白昼的话,则永远不会天黑。在其他速度下,则能使太阳更快或更慢移动,或者形成与平常不一样的日出和日落。”

火箭每间隔三到四个小时就会停下来,方便两人补充食物、休息和检查宇宙服。这时候,两人就要进入火箭。休息够了之后,两人欢快地走出来,在周围跑上一跑,活动一下,顺便采集一些岩石样本,不过两人都没发现贵重的金属。在采集的过程中,常常因为看到引人注目的景色而停下观看。有时是在高达上万米的险峻的高山脚下,能看到后面的塌方处在闪闪发亮。这是巨石、悬崖,甚至是山峰从近万米的高度坍塌,因为没有阻力,以可怕的速度下落,然后摔得粉碎。若是坍塌发生没有多长时间,乱石堆上就不会有灰尘覆盖,就像被水冲刷过一样干净,阳光在透明晶体上折射出像彩虹一样的七彩光芒,非常漂亮而有趣。虽然说月球上没有大气层和丰富的水,无法通过风和冰冻让岩石损毁,但是坍塌的原因还是很明白的,主要是因为昼夜温差巨大,达到了400℃。这就让原本是平滑的裂缝开裂得越来越严重,这个时候,在陡峭的地方就会发生塌方,以后也会再次因为同样的原因发生塌方。

等到山脚下堆积了足够厚度的碎石堆时,就会阻止岩石继续开裂,这样山的高度也会降低了许多,现在月球上的许多高山已经是处在这样的状态,很少会再发生坍塌和高度降低了,不过还是有许多山谷会发生塌方现象。两人不止遇到过一次这样的现象,塌方时的震动就像是地球上的地震。也会发出轰隆隆的声响,不过是通过土壤传来的,因为在空中无法传播声音。

太阳正在闪闪发出蓝色的光,不过已经用篷子挡住,同时也不会妨碍他们看那半圆的天穹。上面仍然布满熟悉的星座,高山的反光让那些不会闪动的星星减少了一些,周围是死气沉沉的寂静,只剩下火箭发出的声音通过椅子传到他们身上。不管火箭走到哪儿,他们都看不到白云、小草、树木和花朵,只有那些绿色的东西被火箭惊吓得四处乱窜,最后躲起来。也没有绿野、湖泊、海洋、河流和森林，映入眼中的只有一片凄凉荒芜。

“看哪，”伊万诺夫说，“看，什么东西向我们走来？似乎是一片绿色的云，就在那最高的悬崖那里！”

“我也看到了，说不定是这里的生物群。”

诺登舍德用望远镜观看，然后看到了许多跟袋鼠一样跳着走的生物，这些生物正在快速地向西移动。伊万诺夫也拿出望远镜来观看，看来这些生物害怕火，它们在看到火的时候会飞快地冲向另一边，之后消失在了山后。后来，两人也多次看到这样的景色，他们的想法有了改变，或许并不是所有的月球生物都在深谷裂缝中躲避寒冷，还有不少个头很大的强壮生物，在白天追赶着发着耀眼光芒的太阳，一生都在这样度过。它们会在路上吃掉那些弱小的生物，它们不断向西奔跑，为了不会错过太阳，它们的速度在每小时 14 千米左右。而在月球的重力环境下，这种不停歇的运动是可能的，甚至是很轻松的。

两人走到十分陡峭的花岗岩体周围，在因为塌方形成的乱石堆里挑选自己喜欢的东西，找寻那些由透明石英形成的大块水晶晶体。在这里有很多发红的正长岩，还有暗色的角含锌矿石，他们偶尔还能看见锆石、石榴岩和气石。周围有许多没有崩裂的绿岩、石榴岩和玄武岩石柱竖立着。两人在这些石柱脚下寻找着岩样，时常因为找到好看的岩样而开心欢呼。篮子被红宝石、橙色透明的磷锌矿石、黑榴石、血红色的榴石、紫色的铁铝榴石、蓝宝石、祖母绿和燧石塞得满当当的。他们看见了有许多颜色的小小的金刚石，还有白色、粉色或者其他颜色的水晶和那些玉髓、半透明的碧石和蛋白石，不过更多的还是燧石。之后，两人看到远处有白雪一样的白色岩石，走近后，看到了片麻岩和云母的碎块中间有很多金刚石，还有些像拳头一般大小。

“这样巨大的财富，把所有人的都加起来也无法达到！”伊万诺夫惊叹道，不过另一个人并没有听到。

他们带上的岩样已经超过限载量很多了，但两人还是欢快地跑回了火箭。

岩样中有很多金刚石，甚至还找到一些金砂，不过因为食物储备已经不够了，尽管还没有按照原定的计划考察完毕，也要离开月球了。

两人一边休息，一边吃着已经剩下不多的水果，同时还高兴地清点起自己收集到的珍宝，拿起那些宝石在手中把玩。

“这里的宝石除了少量的金子之外，其他的现在都只是矿石样本，等到月球和上面的宝石开发之后，地球上的宝石就会贬值……”伊万诺夫说道。

“你看左边有很明亮的火光！”诺登舍德喊道。

伊万诺夫转过身就看到了月球上的一座小山上有团火焰，才过了短短几秒钟，两人听到了经过花岗岩地表传到火箭，让火箭壁和里面的空气振动的巨响。

“这是一颗火流星，”诺登舍德说：“是火流星，它没有受到空气阻力而减速，所以高速坠落到了山上的花岗岩表面，从而产生了火光，就像一个小太阳一样。”

“可能是个大铁块发生了熔化、蒸发，在撞得粉碎之后，放出了这样灿烂夺目的焰火。”伊万诺夫说道。

之后他们走出火箭，把这个火流星找到，之前的说法得到证实：两人在坠落的地方找到了许多已经融入岩石中的曾被高温熔化的碎铁。有些碎铁块已经冷却下来，两人拾起了几块当作纪念。

## 7. 再见了，月球！

随着太阳越来越高，温度开始升高，克服高温比克服低温要麻烦多了，这也是他们要急着离开月球的原因。

两人找到了一块 20 度角的平坦山坡，把火箭停在这里，两人走进火箭里把门关上，便开启了爆燃装置。

“再见了，月球！”诺登舍德不舍地看了看窗口，说道。

火箭先在山坡上往下滑行了一段距离，之后就离开月球表面，冲上太空，绕着月球飞行。火箭越飞越高，速度也越来越快，直到以每秒 1600 米的速度飞行，这时，火箭上的爆燃停止了，火箭在距月球表面 250 千米的高空上飞驰，用这样的速度，只要 2 个小时就能够绕月球一圈。在两人的眼中先是闪过陌生的地方，那里的高山和峡谷都是他们没有见到过的，然后就看到了他们曾

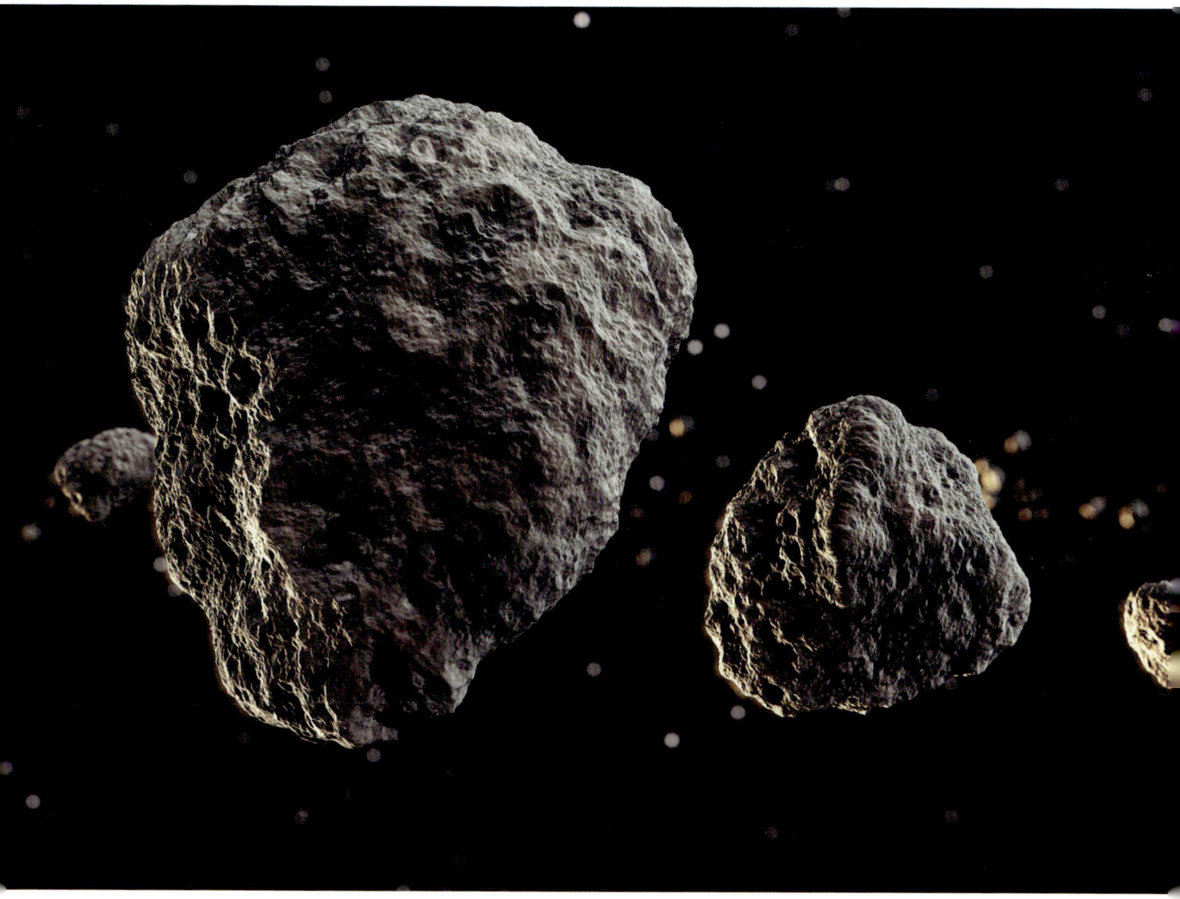

待过的半球。他们在高倍望远镜里观看月球。月球非常大，近乎占据了天空的三分之一，就像一个大圆碗，而火箭就在这碗中心。现在的月球有些像1000千米外的地球，只不过月球上没有大气层，没有水、云彩、植物和冰雪，看上去非常的荒芜而单调。数不清的圆谷、山脉、环形山和无数的山谷，还有边缘上的山脊和裂缝。一切都非常壮观，值得去考察研究，可是因为食物等生活必需品的储备已经不够了，他们不能再在月球上耽误时间了，而且他们还要进入月球轨道和同伴们会合，路途还很漫长。他们在月球上空飞行时，也看到了地球，只是比原本真实的模样缩小了几倍。

火箭就这样绕着月球转了几个小时后，又开启爆燃装置进行加速，直到火箭速度达到每秒2.5千米后，才停止爆燃，这时，火箭飞离了月球，往它绕着地球旋转的轨道飞去，月球变得越来越小。因为时间不多，所以火箭进行了多次爆燃来提高速度，照之前的计算，他们应该会看见大火箭和温室了。可是两人拿出望远镜来寻找，都没有发现……渐渐地，两人心中升起几分绝望。幸好大火箭上的多面镜把阳光反射到了数十千米外，让两人发现了大火箭。当看到这一明一灭的亮光时，两人高兴不已。找了许久，他们总算是发现了距离他们2000千米外的大火箭，于是两人操纵火箭飞往大火箭所在的地方，3个小时后，两人看见了大火箭和比原先还要大的温室。

## 8. 向地球报告月球情况

当两人回到火箭上时，人们争先恐后地向他们提问，但两人表示在这样的旅行后，他们急切地需要进餐和休息。过了几个小时后，两人向大家详细地讲述了他们的探险经历，同时还拿出那些收集到的矿石和宝石样本给大家看，当大家看到那几颗闪闪发亮的大块金刚石的时候，都非常高兴。

他们写了关于月球探险的电报发送给地球：一切都很顺利，我们也非常幸运。我们现在在月球轨道上，火箭上已经有两人去了月球探险，并且完成了环月球的旅行，还收集了月球上的岩石样本。因为储备不足，两人没办法按原定计划考察月球，不过还是获得了不少信息。月球的两个半球没有什么差别；在那里看不到大气和水。天穹是半圆的，并不扁，是黑色的，有很多不闪烁的星星。昼夜时长是地球上的近 30 倍，昼夜温差可达 400℃。没有发现普通的有根系的植物，但是有生物存在，类似动物和植物的结合体。月球上有许多裂缝，峡谷里的温度比较稳定，赤道地区的峡谷温度大约在 25℃。月球上的生物动作非常迅速且灵活，很可惜，没法收集到这些生物样本。没有在月球上看到智慧生物。

之前在地球上观察研究的天文数据基本得到证实。比如，月球上的重力是地球上的六分之一；地球只能在月球可见的半球上看到；相对月球，地球是不动的，不过每个月有不明吸纳的变动；没有风，也没有空气；在地球上看不到的月球的另外半球上，永远都看不到地球。

月球上没有水、空气，而且昼夜温差高达 400℃，完全不合适人类生活。月球上还有丰富的矿石、宝石、金刚石和轻金属，这些东西都存在于峡谷的深处。山脉、高原等是由花岗岩、正长岩、玄武岩、粗面岩形成的。没发现有火山活动，倒是经常会有山体坍塌。

在地球上，这份电报引起强烈反响，还有许多人因为人类不能在月球居住感到遗憾。不管怎么说，首次登上地球以外的星体还是给人们带来极大的鼓舞。

金刚石和宝石的消息在各国都引起了轰动，珠宝纷纷掉价。还有许多有钱人把自己的大部分财富投入火箭的生产，希望能够到月球上采集这些东西来做成商品进行买卖。

在同一时间，离地球 3.4 万千米的高空上，那些新的移民点，正在不断发展壮大，前面所提到的那些温室住房里已经住满了居民。人们在那里幸福地过着日子。

## 9. 太空中移民和生活的景象

移民是有要求的，他们挑选了那些容易和人们相处的，性格温柔、聪敏能干、工作努力、肯吃苦耐劳的年轻人，最好是没有成家的。经过筛选还是有很多符合条件的人，但是这些人必须先住到地球上的公共宿舍共同生活上一段时间后，再在他们中间做出最后选择。可仍然有许多落选的人申请加入，所以不得不进行第三次选拔，这次的选拔可以用粗暴来形容了。比如说让他们到氧气稀薄的环境中去，若是有人晕过去，或者感到不舒服，吃不下食物的，就不可以去移民点。这样一来，不少人被淘汰了，因为这样的选拔，还出现过事故，一次因为失误，几乎把空气都抽光了，所有人都陷入了昏迷，之后一部分人被救了过来，但是有几个人死了。苏醒的人们被送上了移民点。毕竟如果在移民点上出现类似的事故，这些人可以被救活，这也是个优势。

通过了选拔的人搭乘十分拥挤的火箭飞向太空。飞行时间只用了 10 ~ 15 分钟，所以大家都感觉不到疲劳。这些人还没有搞清楚状况，就被有经验的乘务员从水里拉了出来，通过特殊的装置，将他们带进了温室。

这些人来到大厅，大厅长 100 米，宽 10 米，高 5 米。他们惊讶于房子的巨大和众多的绿色植物，阳光照射的房间非常温暖。所有人都感觉是在看魔术一般。所有人都只是看见被阳光照耀的、绿色的半圆透明屋顶。尽管带路的人不断地鼓励他们，但他们还是感到十分手足无措。他们看向前方，发现远处有黑点朝着这边过来，不知道是蝴蝶，还是什么东西。等到飞近了，也就看得清楚了。原来是比他们先到温室的人们。顿时欢呼声响起，他们开始热烈地拥抱。这些飞来的人们身上装着像鱼鳍一样的小翅膀，用脚来操纵。翅膀会像鱼鳍那样滑动，形成前进运动。翅膀和衣服一样可以折叠，也容易从身上取下来，很方便携带。

他们像鸟类或鱼类那样活动。这里是没有重力的，不用翅膀也能够活动，只要用手轻轻一推其他的物体也可以动起来，只是用翅膀会比较方便，稍微扇动一下，就可以产生很快的速度，动作也很优美。

“妈妈，他们是天使还是魔鬼？”

“他们会不会把我们抓进地狱？”孩子们喊道。

“你知道吗？我那天骗了你，其实是我吃掉了雪糕。你不要告诉他们。”孩子们被来人给吓到了，有的哭了起来，想要往后退，但在这里是做不到的，所以他们只能慌张地晃动双脚。本身也非常激动的父母们安慰孩子们，让他们稍微安静下来。

飞来的人们马上拿来翅膀，给他们安装上，并教他们如何使用翅膀活动，向四处飞行。掌握这个技巧并不是很难，只不过刚开始会听到不满意的着急的叫喊声。

“妈妈，我飞不回来了！我的方向错了！”

经过指导帮助后，那些飞错方向的人都回来了。

“玛莎，这可真不简单！我被树枝给缠住了，飞不出来！”这个人也得到帮助。

“亚历山大，我不会右转弯，怎么办？”已经学会飞行的亚历山大帮了妻子的忙。

“妈妈，你看！”奥丽亚尖叫着，“我飞向了窗子，飞向了墙壁，看，我又飞回来了！”

大家之前都吃饱了，现在都不饿，虽然有些发慌，但情绪都是激动的。环境转变实在可以用突然来形容，这让大多数人都觉得自己是在做梦，没有真实感。

“真暖和！”孩子们喊道，“以前除了在炎热的夏天外，很少有这样暖和的。”

这里的温度将近30℃。大家早早就将外衣脱下，换上单衣。

一家人一边交谈着一边在大厅漫游，常常会有其他家庭迎面而来。阳光穿过植物，奇妙的花纹被照射到这些人群当中。没有人去打扰这些新来到的人，让他们四处观看，逐渐地熟悉并融入这里的生活。

那么，这些移民们究竟需要干些什么呢？难道只需要玩乐、吃饭、睡觉吗？当然，这里几乎具备这些条件，但事实并不是这样的。

温室里的居民暂时还不多，大约有400人，不过一个温室大约可以容纳1000人，并且可以养活他们。住房是地球人建造的，使用的是地球上的材料。地球上的那些建设者专门到这里来建造温室，配备好在室内种植植物瓜果蔬菜所需要的一切。可以说移民们完全是在享受着地球和同胞们的劳动成果，他们是因为自身的优良素质在选拔中脱颖而出，得到奖励的。

这些移民现在还没有能力为自己和其他人建造这样的温室。因为向太空移民才刚刚开始，居民并不多，所以不能修建那些从事复杂生产的工厂。而且，现在还没有找到适合的建筑材料，从地球上运来并不划算，而从月球上获得，要容易些，但也不合算。那些留在月球轨道的科学家们，希望能够在这方面帮助到移民们，让他们在居住的地方，能够永远就地取材，得到必需的各种材料。那时候就会有更多的活动，总有一天，他们从事繁忙劳动的时候是会来临的。

但现在，移民们在这里一样可以按部就班地生活。他们可以进行学习，教育他人，可以进行科学研究，在智力、体力还有精神上得到发展。在这里生活没有组织是不方便的，所以他们推选出领导，每个大厅都要选出自己的代表，所有人都要参加选举，无论是男孩、女孩，还是单身的、成家的，或者是老头、老太太都参加选举，要求选出 8 名代表。不过一个人长期不休息担任领导会很疲乏，所以每个团体都选出了 3 ~ 4 人，轮流担任，履行职责。当人们认为需要撤换不成功的或者是担任职务太久的当选者时，可以再次进行选举。当选者的标志是一个干果、一朵干花和一个蜡菊花冠或类似的东西，方便人们知道自己的代表。看，那里是一群青年和他们佩戴着一朵花儿的代表飞过；这儿是一群少女由头戴着美丽花冠的代表带领着飞走了；那里是老头、老太太和他们的代表；那里是成家的男人们，还有他们的妻子和孩子……

其他没被选中的人们单独一组飞行，在没有轮到他们指挥和执行任务时，他们是没有什么事的。老人们有自己的老年代表，因为年轻人不能很好地感受他们的精神状况，理解他们的生活。同样的，妇女有妇女代表，孩子们也有自己的代表。当选者是不分年龄和性别的，并且由他（她）来决定相关的事项，这个决定不是小组的，而是代表者一人的决定。如果当团体中大部分人都对这个代表不满意，那么居民们可以撤换掉这个人，然后重新选举出新的、令他们满意的代表来。当选者需要表达团体的整体意愿，所以必须通过选举。在每个团体里，当选者表达的是整个团体的共同意愿，所以可以发号施令，发布规定，不满意的人总是会有的，这时就需要大家在交往中互相了解。团体的内部争执就由自己团体的代表来进行调解，若是不同团体成员间的纠纷和争执则由整个移民点的共同代表来调解。其实，大家也没有什么好争执的事情。分配工作也由他们来负责。

移民点里也是有工作的：①监督各个地方的温度。因为每个地方功能不同，温度也不一样；②监督湿度保持适宜水平；③保证供给土壤的水和输送营养液与气体的泵正常工作；④照看厕所；⑤观察植物；⑥观察大气组成及其压力；⑦注意温室外壳的完整状况，室内保存的各种气体有没有泄漏。

温室外壳各个部分温度是恒定的，一般不会出现裂缝和气体泄漏。一旦气体泄漏会在外面形成很明显的烟雾，此外气体泄漏可能会引起电流短路，从而可以显示出损坏位置的编号。值班人员很容易就能够发现，然后用涂料临时堵上，之后再牢固地修缮它。

大家按照各自的能力、意愿和体力分配做各种工作。还有一项工作是保持温室的干净。温室里种植的瓜果蔬菜，时常会有叶子、叶柄、果实掉下来；土壤有时会扬起灰尘，然后它们会飘到空气里。但是因为微弱的离心力，它们都会飘到温室的两端，那里离厕所很近，进行这项清理工作的人就需要将这些东西送进去造肥。人和植物的排泄物都溶在大量的水里，水通过泵输送到土壤管道中。然后水被土壤、植物的根系吸收，通过叶子蒸发到空气中，令空气湿润。而空气经过外部的冷却管，里面的湿气会凝结成水滴，然后汇集到一起，成为清洁的水流，供人们饮用和厕所、浴室使用。

所有人只要愿意，都可以读书、写字，搞技术、艺术和科研。担任教师的是那些有知识、有兴趣、有能力教书的人。他们可以免去做其他的工作，只需要教书育人。学习制度由老师根据学生的特点及他们的意愿制定。现在在移民点上主要进行科学教育，他们会教授几何学、力学、物理学和化学，宇宙学说或者宇宙概论，生物知识，生物的进化学说，社会学知识。还会学习哲学和研究那些尚未解决的问题。所有的学科学习都是以数学知识作为基础。

## 10. 移民点联盟

第一个移民点建立成功后，很快就有第二个、第三个……短短几年后，已经有很多移民点了。每个移民点之间有通道连接，通道装有自动关门的密封舱，预防当某个温室外壳出现损坏或被陨石撞坏时，气体大量泄漏。温室的连接不但减少了气体泄漏，还丰富了他们的生活，给他们带来了欢乐，因为这个温室的人们可以通过通道去拜访其他温室的居民。人们走进连接通道后，房门就会马上关上，但通行是自由的，不需要抽出空气，也不需要双重房门。这个房门可以不关上，关上它只是保险起见罢了。

数百个移民点构成了更高级的单位。每个移民点的居民们都推选出几个优秀的代表，他们轮流领导自己移民点上的居民。这些当选者的部分人会离开自己居住的移民点，他们构成一个有管理权的温室。这些人在一起生活一段时间后，就到各自的移民点进行管理工作，而原先在移民点管理的当选者就来到这里代替离开的当选者。这些当选者就是这样轮流进行管理调查或者研究。

我们还没谈到移民点上的疾病与死亡，那是因为疾病都还没有出现过，而且移民的时间太短，死神还没挥动他那巨大的镰刀给人们带去不幸。不过倒是有一个人患上轻度的神经错乱，他认为自己已经死掉了，来到另一个时间，无论大家使用什么方法都不能让他清醒过来，他病得越来越严重了，这时当选人决定把他送回地球，希望可以治愈他。后来据说他的病好了，但是他希望留在地球，也就再没回到过移民点。

这些移民点会继续发展壮大的，让他们自己享受生活，完善生活。现在，让我们回到科学家们身边吧，他们可都还停留在月球轨道上呢！

## 11. 在月球轨道上的第一次会议

科学家们已经和月球一起绕地球转了许多圈了。他们为了决定下一步的行动，召开了在月球轨道上的第一次会议。

“地球和月球之间的移民空间，”牛顿在会上发言说，“有一个很大的缺点，那就是没有可供建造移民点用的足够数量的材料。”

拉普拉斯补充说：“从地球运送材料到太空的费用过于昂贵。”

“虽然从月球采集材料要便宜 20 多倍，但月球不适宜移民和工作，这已经得到证实了。”富兰克林说道。

“我认为可以把移民点转移到火星与木星中线的小行星区域。”牛顿说道，“但是那里的温度太低了，在最好的条件下，最高温度只能达到83℃，火星和太阳的距离是地球和太阳距离的1.5倍，这还没关系，在地球双倍距离的地方温度也有27℃左右。但在木星，温度只有零下80℃左右，而在火星与木星之间的行星区域，温度只有将近零下30℃。”

“我们可以利用镜子提高温度。”伊万诺夫说。

“可这个方法只适用于我们进行飞行，并不适合移民，他们得找到最简单方便的解决办法。当然我们不一样，我们甚至可以在土星轨道上依靠精巧的器械来获得高温。”

富兰克林表示同意说：“那么只有靠近火星的地区适合移民了。火星外轨道的最高温度是27℃，人类可以居住。”

“那移民们居住在地球和火星之间，或者离太阳更近些，比如地球和金星之间不是更好吗？”拉普拉斯问道。

“两者都是可能的，也是很不错的，但是必须满足一个条件，那就是我们能在这些地方找到相当于大陨石或者小行星的物质，大小大约有几百米就可以了。”牛顿说。

“在火星和地球之间有一颗很大的小行星。”伊万诺夫说。

牛顿说：“那是爱神星。但是因为它的轨道是弯曲偏心的，有时候它离太阳比火星离太阳的距离还要远。不过它的岩体可以利用，它确实是个大家伙。一般来说，小行星带中，直径小于10千米的行星，在地球上有最有利的条件，用最好的望远镜也无法发现，所以这些小行星有100万颗，人类现在也观测不到。”

“但它们是存在的。”他继续说道，“现实中，你去到田野上，什么样的石头更常见？是大石头还是小石头？当然是小石头最常见了。石头越小，它的数量就越多。就算是在这无边无际的太空中，也应该是同样的。而且，如果不算卫星，只有7颗大行星，而小行星有将近700颗；还有陨石呢！流星如此之多，那么陨石的数量也就不计其数了。也就是说，在太阳系中，直径小于10

千米的小行星数量肯定非常之多。虽然我们看不见它们，但并不意味着它们不存在。那些陨石如果没有穿过大气层，我们在地球上不也是看不见吗？如果不是天文望远镜，我们连那些较大的行星也是看不到的……”

“所以我们可以肯定在地球轨道的附近和远处会看到许多小行星。”拉普拉斯说道。

“诸位，如此说来，首先我们要把火箭的航向确定是飞向地球轨道……”牛顿说道。

所有参加会议的人们也都表示同意。

## 12. 第二次会议

第二次会议也是有关之后将要开始的旅行。

“现在，我们几乎不受地球引力影响。”牛顿说，“这是因为，这里的地球引力是它表面的三千六百分之一。我们现在绕地球飞行的速度大概是每秒 1 千米。若是这个速度达到每秒 1.5 千米的话，那我们就会永远飞离地球了。”

拉普拉斯说：“这是地球绕太阳公转所具有的速度，这个速度之前我们火箭就已经有了。所以恢复到这个速度，火箭是不会跌落到太阳上的，而是像地球一样，绕着太阳旋转。”

“总的来说就是火箭和温室还需要一个附加速度，但是这个速度不能超过每秒 1.5 千米……”伊万诺夫补充说，“这是小事一桩。”

“之后，为了和地球在同一轨道运动而不发生碰撞，我们要再次进行爆燃。那时候可以根据爆燃的方向，让火箭沿着螺旋线飞离太阳，或者是飞近太阳，这是完全由我们来控制的。”富兰克林说道。

“这时候炸药的消耗还是非常少的。”牛顿说，“可我们还是没有决定是要靠近太阳还是远离它。我们要怎么办呢？”

伊万诺夫说：“我认为是远离太阳比较好，因为这里的温度已经过高了，不使用镜子也可以达到 150℃ 的高温，而且我们主要还是飞向爱神星、火星和那些行星带，路上肯定还会遇到有价值的小行星的，尽管小行星的直径还不到

10 千米。”

大家就这样决定远离太阳，飞向爱神星、火星和那些行星带，于是他们又向地球发送了电报：“我们决定先走黄道，然后飞离太阳，希望可以找到足够建设地球与火星之间移民点的岩体材料。向伽利略、亥姆霍兹和喜马拉雅城堡的其他同事致意。牛顿。”

然后他们也收到了预祝成功的回电。

## 13. 在地球轨道外绕太阳飞行

他们采用最轻微的爆燃。月球的引力完全忽略不计，因为它太小了，而且质量只有地球的八十分之一。相对重力虽然出现了，但数值很小，大家几乎察觉不到它。不过地球、月球在大家的眼中变小了。过了 10 天，地球角直径缩小了近一半，月球也是如此。

“现在火箭所具有的速度能让我们完全脱离地球及月球的引力……”伊万诺夫说道。

地球不断变小，现在看上去更像明亮的恒星，而不是行星。地球和月球的相位变化现在不使用望远镜的话，根本就看不到了。它们看上去是一样的，若是地球缩小到原本的四分之一，月球也是这样。爆燃一直在持续，火箭开始绕着太阳实际运动了，火箭飞离了地球的轨道。这时地球看上去没有金星明亮了，而在它的附近可以看到光芒暗淡的月球。

如果不是地球和月球给大家的感觉像是变成了恒星，还有太阳稍微变小了，这样引起了火箭温度下降，但是速度很慢，变化并不明显。不过他们把面向太阳的火箭表面的黑色部分扩大，刻意让温度升高。这样能让他们放心，让他们不怀疑温度能够提高和降低。正如大家所知，在火星附近，也可以将温度提高到 83℃。温室乖乖地跟着火箭一起飞行，给大家提供一切必需品。大家依旧是好心情，每天都无忧无虑地吃饭、睡觉和工作，就跟在地球上的时候一样。有时候他们会穿上宇宙服走出火箭，到太空里飞行。天空和以前一样没有什么改变，依旧漆黑无比，一边是太阳的耀眼光芒，一边是死气沉沉的太空，不过上面有着各种颜色的繁星。星座的形状依旧是原本的模样，并没有变化。银河系和原本一样将太空划成了两半，在银河系里是各种星星，数都数不清，不过要比星云小些。和之前一样，大家可以看到那几个围绕着太阳公转的大行星。它们不需要望远镜也可以看得清楚。“月夜”自然是不会再有了。爆燃的力量将火箭推向它预定的运动方向，本来是应该加速飞行的，但现在情况却相反，飞行速度慢了下来，就像是雪橇上山一样，虽然马儿在往上拉，可速度还是变慢了。不过没关系，火箭仍然是在飞离太阳。

## 14. 在一颗陌生的行星上

他们用天文望远镜仔细寻找那些陨石核小行星，甚至还用肉眼从窗口向周围观察。这是他们飞行的第十个月了，大家已经感到非常疲惫和寂寞。这时候富兰克林发现了一个大物体，就离他们不远，甚至感觉不到它在转动。很显然，这是颗小行星，和他们一样，在绕着太阳转动。

可是因为火箭还受到爆燃产生的气体的影响，这样的运动模式很快就被破坏了，小行星离开了火箭。他们马上停止爆燃，然后又开始，让火箭对准这个小行星。大家蜂拥到窗前，一直盯着这个家伙。它在大家的眼中不断变大，快要占据了半个天空。不过行星的岩体形状非常不规则，狭长且有棱角，有的地方还反射阳光，闪闪发光。大家都看入了迷。

最后，他们用反向爆燃进行减速，以免撞到小行星。当火箭完全停止的时候，他们距小行星还有段距离，又只好再次使用爆燃，然后及时停止，现在火箭与小行星的距离只有几十米了，两者几乎是在相对静止的状态。

“可以了，现在谁去把火箭拴在小行星上？”牛顿说。

伊万诺夫早就迫不及待地换上宇宙服，然后第一个飞出去，他拉着一条和火箭相连的锁链。他匀速飞向小行星，轻轻落在了岩体上。到处都是花岗岩和金属硬块，根本没有地方可以拴住锁链。当他碰到一个巨大的铁块时，想到了用强磁铁的办法，但这已经是多余的了，火箭因为引力，已经开始自己靠近小行星。他们为了避免轻微的碰撞损坏温室，在接触小行星前，又使用了爆燃气体的压力。这次几乎感觉不到弹跳，火箭和温室自己黏在了小行星上。火箭上的所有人都换上宇宙服飞了出来，这里也和月球一样，没有大气。

在这里和在地球上一样，可以站着、躺着，也能坐着，可重力是非常小的，甚至只是睡梦中的一个轻微动作，都可以让人飞到离行星表面几十米高度的地方。

拉普拉斯捡起一块小石头，把它拴在线的一头，手中拿着另一头，像一个钟摆一样。石头开始摆动，天，真是太慢了！完全快没耐心去数摆动的次数和时间。最后总算是完成了试验。一米长的钟摆，每 80 秒才摆动一次。

“由此我们可以知道。”富兰克林说，“小行星的引力是地球上的六千分之一。我们现在一样，都是在地球上体重的六千分之一，这样算来，我才 13 克重。”

看向四周，地表上的岩体轮廓都是奇形怪状的。虽然在地球上也有很多奇峰怪石，但也很难看到像这里这样的奇妙景色。整个小行星就像是一个奇形怪状的大石块。脚下是各种各样的岩石，中间还掺杂了各种合金或者纯金属，有的很暗淡，好像是锈铁；有的则闪闪发亮，可能是银或者镍；有的是黄色的，好像是黄铜或者是钙；还有的是红色的，就像是铜或者金子。各种各样的岩石吸引着他们的目光，可他们走起来非常小心、缓慢，因为在这里一个不小心都能让他们飞上太空，到离小行星很远的地方，而且这里并不平坦。许多人都被弹了出去，在飞回来之前都被吓得够呛，他们以为自己会永远脱离这里。有的人带有小爆燃器，他们赶忙启动它，然后飞回这颗行星。可不是谁都有爆燃器的，那些没有爆燃器的人们飞回来要花上 10 分钟，甚至更长的时间。在他们迫切地想要考察小行星的时候，哪会想到遇上这样的事情呢？被弹到 250 米左右远的地方，而且还有可能会回不来！

因为从没碰上过这样的环境，大家一时间无法适应。后来，大家想出了一个办法，能够很容易并且可以以较快的速度移动。他们需要平推一下岩石或者凸起的东西，可要是用力过猛了，是完全可能飞出行星的，在太阳系中迷失方向。这时只有让携带了爆燃器的人去救回这些人，因为只有他们可以追赶上同伴，并把同伴带回来。

大家就用这样的方法走遍了整个小行星。他们在小行星上发现了非常多的纯金属和它的合金。而且他们还发现闪闪发亮的一堆堆金、银和镍。小行星上的贵金属比地球上居民拥有量还要多上 1000 倍。

因为小行星的奇形怪状，在它的不同地方，重力大小和方向都有着很大的区别。当发现这里有珍贵宝石，大家都用不同的方式表达了自己的惊讶和喜悦。虽然隔着头盔，看不到他们的表情，但是从他们的身体姿态就能够感受到他们的兴奋了。他们想要互相交谈的时候，就必须走到一起，两个头盔挨着才可以。求知欲和好奇心驱使他们飞到小行星的各个地方。他们拍照，采集岩石和金属样品，收集了小行星各项资料后，就回到火箭里了。大家满载而归，东西看上去很多，但是每个人都非常轻松地拿了回来。

## 15. 飞向火星

他们启动爆燃装置，离开这个陌生的小行星。他们继续飞离太阳，然后考察地球和火星之间的地区。小行星在他们的视野中消失了，好像是小行星自己飞离了火箭似的。大家仔细观察和研究这些从小行星上采集的每一块岩石、金属和合金。这些金属全都是天然形成的，杂质非常少。小行星的平均直径大小也计算出来了，大约是 900 米。这样的小行星，地球上的天文学家不知道也并不奇怪。要知道，火星的卫星要比它大上 10 倍，面积则要大上 100 多倍，也才是勉强可见。它的体积大约有 3.6 亿立方米，质量没办法准确地计算，只能做个大概估算，根据星球上金属的丰富程度，把小行星的平均密度估算为 $2 \times 10^4$ 千克/立方米的话，那它的质量不会小于 72 亿吨。

俄国人说："这里的材料就算是给所有地球人建造舒适的温室住房也都是足够的。"

"算下来，每个人只有 1 吨左右的材料，够吗？"牛顿提出异议。

拉普拉斯说："要是觉得太少了，还可以再找类似这样的天体啊。现在我们连到火星的空间还都没有走完。我们在去火星的路上，还会碰见类似这样的小行星，估计会有好几千颗呢！"

“这确实有可能。”牛顿说。

拉普拉斯说得没错，火箭在螺旋飞离太阳的过程中，几乎每个月都会看到小行星，有的比之前看到的那个要大一些，但更多的都要比它小一些。他们考察了其中的少数几个小行星，发现没有金属的行星非常少。

“真是奇怪，地球上找到的金子和白金数量很少，而在这里的这些小行星上，都可以用它们来修条大路了。”诺登舍德说道。

“的确很奇怪。”牛顿同意道，“不过我们做一个假设，就很容易解释了。很可能是这些不大的岩体是一些大行星的碎块，有的可能是行星的内部成分，有的是外部成分。而行星的中心应该是由最致密的物质构成的，就比如像金子、白金这一类。现在，我们在有些小行星上发现有这样的物质金属，就说明它有可能是大行星的内部成分，而那些我们没发现有重或贵金属的小行星则是大行星的外层部分。”

“是奥里别尔斯提出这个假说的，用来解释火星与木星轨道之间的行星带的形成原因。”拉普拉斯说道，“照我们的发现和判断，它也适用于解释地球与火星之间的天体的形成原因。”

“我不明白大行星为什么会发生碎裂呢？是怎么发生的？”一位听众问道。

伊万诺夫说道：“这个还不清楚。有可能是行星内部的化学反应过程中产生了气体，然后这些气体膨胀后将行星炸掉。因为气体在压力下也是会发生爆炸的。也有可能是两个行星发生了碰撞事故。还有可能是行星自转，然后缩小，不断变大的离心力起了作用。”

“单单只是一种原因的话，我们只能看到天体上分离出来的卫星或者岩石环，而不会像我们现今看到的这样的情况。”牛顿说道。

“嗯，我也赞同这个看法。”俄国人说，“造成我们看到的这种情况，很有可能是上述的这些因素，还有其他我们现在不知道的原因，然后综合起来导致的。”

“不过，我从大家的发言中，总结出了有趣的结论。”富兰克林说，“第一，我们所居住的地球有一天也可能会碎成好几块；第二，地球的中心部分也可能含有大量的重金属和贵金属。”

“对于这两点，现在我们也都不能否定它。”许多人赞同。

伊万诺夫说：“既然是这样，人类最好是不用等到这可能出现的灾难降临，就先移民到太空中来，这里有人们可以用来建造温室住房的所有的必需材料。”

## 16. 途中遇到气体环

绕太阳公转一圈需要花费一年的时间。有几次，他们遇上了气体环，气体环是非常透明的、稀薄的，并且是勉强看见的厚度达到几千米的气体，它们最初只是一条细长的、雾状的带子形状。当火箭飞入气体环内，就响起了奇怪的声响。火箭内的温度也升高了一些。带子的速度和气环速度略有差别，火箭在飞离太阳时，急速地穿过这些气体环，然后它们很快就消失了。很多气体环和小行星一样，过去从未被人类发现。大家收集了其中一个气体环里的气体，然后浓缩化验，在气体中发现了有氧、氮、碳的化合物，还有氢和其他气体的踪迹。

“这真令人高兴啊！”伊万诺夫发现气体后感叹，“这样的环境里建立移民点非常不错啊，一是周围就有气体；二是就算气体从火箭温室里泄漏了，也没有太大的关系，它们周围还留有气体环，可以把这些气体抽回来。这证明了气体的膨胀不是无限度，按照玻意耳－马略特定理那样，不过有些什么东西把它限制了。”

拉普拉斯说：“这个结论，我们在地球上的大气层也观察到了。”

“在地球上，地心引力和分子理论限制了气体的无限膨胀。在这里也是这样的，或许是气体环自己本身的引力，或许是其他什么我们没有发现的东西限制了它。”富兰克林开口说，“可到底是什么呢？气体环的引力太小了，是不够的……”

“我不知道。”牛顿说，“我也不清楚。其实有可能各种气体是存在于太阳系的，它们散布在各个地方。比如门捷列夫就提到过这种设想。”

## 17. 在火星附近

年复一年，火箭终于接近火星了，而关于地球与火星之间的空间研究情况，也已经能够把结果告诉地球了。为了发送这个电报，他们需要一个直径100米的巨大的平面镜，但在这制造一面镜子是非常不容易的。最简单的办法就是返回地球，或者从月球轨道、或者离地球更近一些的地方给地球发送电报。

火箭为了靠近火星，在火星附近绕太阳飞行了两圈，花费了将近两年的时间。大家已经感到非常的寂寞和烦闷了，都已经很想回到地球了。当然返回地球不用花上两年的时间，火箭只用沿着最短的航线飞行，最多花上4个月的时间就能够回到地球上了。火星与火箭只相距1000千米了，现在它的形状像一个小满月，只有我们在地球上看到的月亮的七分之一大。使用望远镜可以看到火星上的河还有海，它们的里面不知道是什么东西，还有山脉、盆地、极地的冰和雪。

“我们不再向火星靠近了，我们不能向火星靠近了。”牛顿提出，“现在降落在火星上是非常危险的，我们也都非常疲惫了，而且现在更为重要的是，告诉地球我们的发现和研究结果。”

虽然有人反对，但很多人还是高兴的，因为离开地球太久了，他们希望尽快回到地球上去。

“反正火星总是会在这里的，它总不能突然不见了吧！我们下次再去考察吧！”伊万诺夫说道。

## 18. 星际旅行是可能的吗

现在，大家的空闲时间非常多。科学家们一直在讨论这旅行计划的问题。其中说得最多的就是有关地球、人类和他们现在想到的那些带有非常浪漫色彩的问题。

LunOx

他们还讨论了关于未来的太空旅行计划和在其他的星球生活的条件。我们来看看他们讨论的那些比较有趣的意见。

"我们曾经顺利地登上了月球，并且过得很不错。火星到太阳的距离和月球到太阳的距离是差不多的。在那里，热能和以前应该是一样的，只不过水果、蔬菜的成熟时间会比较长，但还是能够提供充足的营养，要是产量不够，难道不可以多建造几个温室吗?"一位年纪很轻的考察队员激昂地说。

"还是存在困难的。"牛顿说道，"这些困难不少都需要在地球上才可以解决，不仅只是动手，还需要动脑筋。我们现在需要弄清影响我们登上其他星球的阻碍是什么?可是我们已经太疲倦了，大家都想回到地球上生活休息一阵……"

会议厅安静下来，大家都专注地听着牛顿说话。

牛顿继续说:"我们就先谈谈温度吧!假如有个用煤炭涂黑的平面是和阳光垂直的，它基本上可以把照射在上面的光热都吸收了，但同时需要保持它的反面不会让热量流失，就需要将反面用亮银板给盖上，这样的话，热量基本不会流失。这种薄板在太空中流失的热量和它绝对温度的四次方成正比。这是斯忒藩和维恩定律。我们后面的这些推论都是以这个定律为依据的。这个定律的常数是经实验得出的，可想而知它的正确性了。这些常数常常能够帮我们解决我们需要解决的和感兴趣的问题。我亲自计算过，太阳表面温度大约是6500℃，这是太阳正常的温度。绝对零度是-273℃。但是现有的假说认为，绝对零度是开始于物体真正没有热量的时候的状态。我说过涂黑的薄板在太阳到地球的距离上，可以达到152℃的高温。这是在地球和其他那些与太阳有相同的距离的天体上所能达到的最高温度，也是地球附近移民点的最高温度。这样的温度拿来烤肉也是可以的了。"

"火箭旅行的最大航程是地球到太阳距离的两倍之多。地球轨道到太阳的距离约为1.5亿千米，而火星轨道到木星约为1.75亿千米。"

"但是我有疑问。"拉普拉斯表示不同意见说，"难道我们不可以利用镜子来提高火箭和温室的温度吗?无论是哪种镜子都行啊!"

"当然可以了。可我们之前不是在行星上就遇到困难了吗?"牛顿回答说。

“我们还有其他办法呢！我们可以让温室的窗户随时都透过光线，而且是高折射率的光线，然后要避免深色的温暖的光线透出去。”

“没错，亲爱的富兰克林。”牛顿回答说，“这样的话，太阳光线就能够进入温室，并在那里转化成为深色的射线留在温室里。这样温室温度会大大地提高。但我们缺少使用这样的方法来提高温度的真实数据，要是研究这个问题还必须向地球询问，因此我们先把这个问题留到后面再说吧！”

“不管如何，无论是通过镜子，或者其他方式提高温度，我们去火星旅行的可能性会随着时代的不断前进而得以实现，甚至在未来，还会有可能到木星上，或者是更远的星球上去呢！”伊万诺夫总结道。

牛顿回答说，“这个我倒没什么可反对的，不过现在让我继续向大家列举每个行星的最高温温度表吧！”牛顿在图板上画出各行星温度对照表。

| 行星 | 到太阳的距离（亿千米） | 温度（℃） |
|---|---|---|
| 水星 | 0.39 | 407 |
| 金星 | 0.72 | 227 |
| 地球 | 1.00 | 153 |
| 火星 | 1.53 | 83 |
| 木星 | 5.20 | -83 |
| 土星 | 9.54 | -134 |
| 天王星 | 19.18 | -176 |
| 海王星 | 20.05 | -195 |

“从表中，我们可以知道在太阳系中，离太阳越近的行星温度越高，这对火箭在技术上是非常有利的。”牛顿说。

一个听众提问道：“有利？难道这温度不是太高了吗？”

“不要忘记了。”牛顿提醒道，“表上给出的数据只是最高、最理想状态的。我们来假设在地球上一个与阳光垂直的薄板，背面被抛光了，而正面没有涂黑，这样就可以反射和散射照射到它表面的光线，温度会降低。用这样的方式可以让温度下降到零摄氏度以下，甚至是绝对零度。要是薄板的表面完全被阳光照射，反面被涂黑，那么阳光会被折回，容纳后漫射到太空中。当然，这样的方式只是理论上的，在实际中只有得到部分实现，但终究是指出了我们到水星和金星，甚至更接近太阳的可能性。其实要是大家不觉得疲惫的话，我们现在就能够飞到那里去，不会有危险。为了不让火箭燃烧，只需要在那时候将火箭的后面外壳的黑色部分打开，同时关闭银色的窗板，然后遮住火箭前半部分透明的地方就可以了。我们甚至有可能在火箭里，靠近太阳的地方感觉到寒冷，如果我们愿意的话。”

“这真是太奇妙了。”大家感叹地说道。

伊万诺夫总结说：“其实，我们搭乘火箭到太阳附近，或者离它更远的地方旅行，在理论上是完全可行的……”

“没有错。”牛顿说，“不过这个结论对于在行星上降落是无效的。为了解释这个问题，我们还是要先说温度的问题。如果在太空中有个黑色的小球，假设它为某个行星，它在太空中失去的热量比我们两面圆盘失去的热量要多出四倍，它的平均温度降低到了 1 : 1.4。为了说明这个问题，我们还是要先来谈谈温度的问题。实际上，地球平均温度并不是 27℃，而是在 15℃左右，这是为什么呢？问题是，并不是所有的阳光都会被行星吸收的，有一部分的阳光会被云、水、雪、沙和山，还有土壤给散射掉了。我们可以根据数据计算出地球吸收的阳光大约是 80%，而剩下的 20% 都被散射折回太空中了。其他星球要是也像地球那样失去 1/5 的光线，那这些星球的温度也会降低不少。而在火星和木星轨道之间的那些小行星带的平均温度大约在 -35℃到 -145℃之间。所以我们很难设想在平均温度约 -35℃的火星上，它的河流和海洋中含有液态水。而且就是在地球上也有一部分地表被冰雪和冻土永远覆盖着。我们得明白，火星温度比地球平均温度要低上 49℃呢。”

“难道我们不能使用镜子来获得热量，然后克服冰冻寒冷吗？”一个年轻人忍不住问道。

“当然行啦。”牛顿说，“特别是那里没有大气的话。低温的情况下，大气运动会让温度变得更低，那里会更加的寒冷，而且这样的寒冷非常难以克服。我不否认我们在没有设备的情况下可以成功战胜它，甚至在温度更低的木星上也是有可能的。但是我们又要怎么和金星，还有水星上的炎热斗争呢？那里的温度可是高达 72℃和 176℃啊！虽然说它们的极地温度会相对较低一些，但是液体和气体流动会把炎热也带到极地去的呀！是的，当我们在陌生行星降落的时候，我们的四周会是怎样的气体啊！我们身上的宇宙服和备用的氧气，能让我们在大气层的毒气中活着吗？谁也无法保证我们的身体不会被熊熊的火光给燃烧掉……我不否定什么，因为一切都有可能。”牛顿神采飞扬地说，“可是这是需要做好完全准备的，还要有艰苦的长时间的研究工作，要是你们想战胜大自然的话。不然你们只会被大自然踩到脚下，或许你们都还感觉不到。”

## 19. 沿一条短航线飞回地球

大家都决定飞回地球。火星引力正在破坏火箭运动的曲线。因为还要飞上4个月才能够回到地球，所以不能够将温室收起来，因为现有的果实、蔬菜储备还不够吃上这么长时间。可是带着温室的话，就没办法用爆燃来让火箭急速飞行，不然就会损坏温室，那么大家就没有可吃的食物来源了。但是缓慢地螺旋飞离太阳，制动力量还是加大了许多倍。而后果就是火箭正快速地接近太阳。现在温室已经跑到了他们的前面，本来温室是在后面的。制动开始的时候，火箭距地球轨道是6.5亿千米远，它的运动速度是每秒25千米左右。这个速度比地球运动的速度慢了每秒5千米。因为制动，速度本来是应该减慢的，但现在火箭朝着太阳下落，接近它的速度不断地加快。进入地球轨道时的速度大约是每秒30千米，和地球速度差不多，因为接近地球，地心引力的作用越来越明显。火箭在不断提高速度，然后又要用爆燃来减慢速度。现在所有人的脑海中只有“回家”两个字。

中年人的头上有了些许白发，而青年人的体格更加健壮了。

他们除了进行必要的观察以外，就没有什么事情了，精神上松懈不少。火箭走了一条近路，所以在路上只看到了零零星星的几颗小行星。因为小行星速度和火箭速度相差很大，他们不能和这些小行星对接，进行考察。人们的目光时常落在一颗美丽的星球上，那就是地球，他们的家乡。与它的距离越近，它就越发的明亮而美丽。看，它变成了一个小月亮，然后这月牙在不断变大，都要比太阳还大了……火箭穿过月球轨道，地球变得硕大无比，然后慢慢显露出大家熟悉的轮廓面貌来。你看，现在地球占了天空的 2、3、4 度，只要几天，火箭就可以返回地球了。每个人的心脏都在剧烈地跳动着，特别是年轻人。他们会在地球上遇到什么事情呢？他们向地球发了一封电报：现在考察者们搭乘的火箭离地球不远了，我们已经观察地球到火星之间的空间，并进行了研究。那里有 100 多个直径大约为 5000 米，或者还要更小的小行星。这也只是我们估计的很小的一部分……我们没有发现爱神星。这些被发现的小行星是在地球轨道之外，那里有丰富的建造材料。很多的小行星都含有金属矿石。还有一些小行星有 10% 的黄金和白金的储量。我们认为，这些天体可能是一颗或几颗大行星的碎片……我们还带回来了岩石、金属，还有气体的样本。没有人受伤，也没有供应不足。我们将会降落在东印度海岸不远的印度洋。请轮船注意……请不要进行迎接和庆祝活动，谢谢各位的理解。大家还是去支持那些在你们当中有天资的人们吧。伊万诺夫。

离地球已经很近了，时间很少了，所以大家决定把温室舍弃掉，同时把火箭里的植物和那些不容易保存的东西都集中到一起，然后也舍弃了。大量的炸药也消耗得差不多了，火箭变轻了许多。

制动作用越来越强。地球变得非常的巨大，占据了天空的四分之一。他们一个接一个泡在液体里，防止突然加大的相对重力给他们身体造成伤害。火箭的各部分都准确无误地运转着，像是一个上了弦的留声机一样，只固定地演奏一首曲子。

很快地，火箭进入大气层，防护壳因为与大气摩擦变得滚烫，但火箭速度减慢了，随着离海面更近，速度也就更慢了。

## 20. 在地球上

又是强烈的制动，火箭几乎停止不动了，只听见落水时的扑通一声，火箭就漂在了水面上。

窗子被打开了，地球上的空气立马冲进了火箭里。大家似乎是如梦初醒，在很长的时间里都没有回过神来。他们走出水箱，穿好衣服。可地球现在对他们来说，像是大变样了，他们完全适应不了。他们觉得冷飕飕的，手脚和身体像是灌了铅一样，沉重得无法抬起来。他们花了很长时间都没法站起来，脑袋也晕沉沉的，好像醉酒的人。一艘摩托艇开来将火箭拖到了一艘轮船边上……回到地球已经有些时间了，他们总算恢复了一部分状态，清风拂来，让他们舒服了不少。

因为他们已经说过了，所以没有任何人前来打扰他们。他们自我感觉很不好，先是打喷嚏，第二天，大部分的人都感冒了。病人们的心情很不好，返回地球的欢快和激动都被冲淡了。太阳似乎没有热量，连光芒都是暗淡的。天空灰蒙蒙的，晚上的星星看上去离得很远，而且非常少……周围的气味让他们觉得怪怪的，食品也不好吃，他们穿上衣服后感觉行动很不方便，家具也让他们很不习惯。这些人时常会被自己绊倒，然后摔上一跤；还有的时候忘记了是在地球上，推了一下周围的东西想要飞起来，结果是以可笑的模样扑通地摔倒，让周围人讥笑。大部分的人都不知道他们是怎么了，只是惊讶地看着他们的行为。他们先是被安全地送到了孟买，然后通过铁路，最后搭乘飞机回到喜马拉雅山上的城堡。

城堡的居民知道自己朋友们的经历一定非常的丰富，他们受到了非常热烈的欢迎还有拥抱，但是当看到他们脸上的青紫和伤痕时，大家都大吃一惊，不过当知道伤痕的来历时，大家都忍不住哈哈大笑，完全控制不住。

虽然山上的天气让刚回到地球上的人们感到很冷，很不习惯，但太阳的光线还是要比在太空更加强烈。他们慢慢习惯了地球上的生活，脱掉了皮大衣，身体也渐渐恢复健康，脸上的伤痕也都慢慢消失了。

## 21. 新的上天旅行计划

全世界都等着这些从太空旅行回来的科学家们讲述他们不同寻常且富有成果的旅行。牛顿确定了具体的时间，这天，他和朋友们在城堡中做一个报告。而这天，世界各国的科学家的代表都来到了这里。

牛顿详细地叙述了自己在太空中的奇异经历。在他说话的时候，时常有学识渊博的同伴还有听众插话。后来，他讲述了这次太空旅行得出的结论和下一次将要实施的旅行与考察计划。

他说道："在离地球3.4万千米的高空上已经建立移民点，可这个区域不够方便，因为那里没有充足的建造材料。所以我建议新的移民点可以移动到地球和火星的轨道之间的区域。那里到处都是丰富的建造材料。当移民点的数量增加到一定程度时，他们可以在那里发展工业，然后可以在不需要地球支援的情况下建造新的温室。现在移民点所在的位置处于地球和月球之间，虽然那里也有些小陨石可以作为材料，但是实在是太少了，根本满足不了需要。现在把人送上太空的手段只有炸药和火箭。这些东西暂时还需要在地球上生产。但等到火箭完成使命后，还可以返回地球上，而那些炸药则可以在太空中制造。这样后人将能够在太空中找到安居乐业之地。有谁可以向我们预言，在经过了上百年、上千年后，这些地球外的移民村会变成怎样吗？谁能预见到随着移民的增多，他们在物质和社会上会有怎样的巨变呢？我们能够预见他们会取得怎样的成就呢？数千万年之后，太阳变暗之后又会发生什么……到那时候，在太空中居住的人们会怎么做？他们会不会去寻找其他的太阳呢？要是去寻找的话，他们会遇到怎样的星球……"

"可这些都太遥远了，只能是猜想而已。"一位科学家说，"请您说说，您近期还有什么打算吗？"

"我们现在需要好好地休整一下，我们需要一个恢复时期，让体力更为充沛。"拉普拉斯答道，"然后我们会准备再次到太空中进行新的探险。"

牛顿说："到时候，我们会到火星和木星轨道之间的小行星带去。在那里，我们肯定能够发现更多有趣的东西。然后在火星周围绕上几圈，或许可以登上火星。"

伊万诺夫说道："要是我们没有感到特别疲惫的话，我们会飞往木星和土星，但不一定能够降落到这两个星球上。我们或许可以近距离地在它们周围转上一转，登上它们的卫星，到土星环看看……"

"我们也可能会先去靠近太阳的金星和水星外轨道空间旅行，对它们和周围空间进行考察。"牛顿说道。

“我们现在很难知道我们能做到哪一步，将取得多大的成功。”

第二天，会议开完了，参与者们也都纷纷离去，而这里又和往常一样开始进行科研工作了。

# 第六章　在月球上

**读前动动脑：**怎么一觉醒来就在一个陌生的地方了，而且还不是地球。那是在哪里呢？在这里要怎么生活？在这里，故事的主角们发生了什么，还会遇上怎样神奇的事情呢？

## 1. 我在一个奇异的新世界里醒来

我睁开眼睛，不过我还躺在床上回味着刚才的美梦，我梦到自己在水中游泳。现在已经是寒冬了，一想到在夏日里泅水的滋味，就感到分外轻松。

该起床了！我伸了伸懒腰，坐起来……我怎么感觉轻飘飘的啊！坐着也轻飘飘的，站着也是这样。这是发生了什么事情？难道我还在做梦吗？我感觉自己很容易就站起来了，好像身体泡在齐脖深的水中，脚很难在地上站稳。

可哪里来的水呢？我看不到水，伸手挥动一下，也没感觉到水的阻力。

难道我还没有睡醒？我用力揉了揉眼睛，结果没什么改变。

真是奇怪……现在我该换衣服了，当我打开衣橱，拿出衣服和其他东西时，竟毫不费劲。难道是我的力气变大了……为什么都是轻飘飘的感觉。以前从来搬不动的东西，现在我也可以搬动，还非常轻松。

这哪会是我那笨拙的身体啊，以前不管我移动什么东西都是非常耗费力气的。我是从哪来的这样的力气！

或许是有种力量把我和所有东西都往上拉。所以我干什么都不耗费力气吧？不过要真有这样的力量的话，也太大了，只是轻轻一拉，我感觉我的脑袋快撞上天花板了。

我无法行走，只能用跳的，这又是什么情况？好像是有什么把我向和重力相反的方向拉，让我的肌肉变得紧张，让我不得不跳动。我无法抵抗这样的力量，所以只有跳起来了……

我感觉自己在悠悠地往上升，然后又悠悠地下降。之后我又用力一跳，想要跳高一些，看看房间内的情况。结果我的脑袋撞到了天花板，一阵剧痛。房间本来是很高的，我根本没想到自己会撞上天花板。今后我可不能像现在这样傻了！

因为撞上天花板带来的疼痛，我发出了大叫声，把我的朋友给吓醒了。我看到他翻了个身，过了一会儿便从床上一跃而起，然后和我一样蹦得老高了。他也非常惊奇，之后的几分钟，他也像我之前的那几分钟表演的滑稽剧一样表演了一遍。我极为有趣地看着朋友那因为诧异而睁得很大的眼睛，还有他那令人发笑的姿态和灵活到不自然的动作。更让我好笑的是，他也像我那样因为碰到了天花板而发出类似的怪叫。

他是一个物理学家，我等到他定下神来之后，向他询问，请他给我解释一下我们现在这是发生了什么。是我的力气变大了，还是重力变小了呢？

无论是哪个假设都是不可思议的，但是只要习惯了，也就没什么好稀奇惊讶的了。可是我们两个人还是头一次碰到这样的事情。所以我们都决心要找出原因来。

我的朋友的分析能力非常强，他的解释立马让我理解了这些莫名其妙的现象。

他说："我们可以用测力计或是弹簧秤来测量我们肌肉的力量，这样可以知道它有没有变大。现在我把双脚蹬在墙上，然后用手拉测力计的环，你看，上面显示是 82 千克，我的力量没有变大。你也像我这样试一试就能够知道自己有没有变成像伊里亚·穆罗姆茨那样的大力士了！"

我反驳说："我不同意，因为事实不是如此。你先解释一下，这个书柜有 820 多千克，我怎么可能抬起它来？本来我是以为这个书柜里没有书了，但是我打开来看，发现里面一本都没少……顺便也解释一下，为什么我们一跳就有

3 米多高呢?”

“你之所以可以拿起非常重的东西，跳得很高，还感觉自己身体轻飘飘的，不是因为你的力气变大了而是因为重力减小了。只要用弹簧秤就可以证明重力是不是减小了，甚至还能知道减少了多少。”

他一边说，一边拿起了一个重 5.5 千克的砝码，并把砝码挂在弹簧秤上。

“你来看看，”他指着秤上的指度，继续说道，“这个 5.5 千克的砝码现在只有 0.9 千克。也就是说重力减少了六分之五。”

他想了想，又补充说：“在月球表面的引力就是六分之一，比地球要少六分之五。这是因为月球的体积小，而它的物质密度也很小。”

我哈哈大笑：“难道说我们两个人现在是在月球上吗?”

物理学家笑了笑，开玩笑地说道：“要是在月球上，我们还不算很糟糕。因为既然有这样的奇迹，我们也可以采取相反的行动，就是说我们可以回到家里。”

“好了，不要开玩笑了。如果我们用普通的天平去称东西，结果也会和现在一样吗？重力也会减少吗?”

“这倒是不会。因为放在天平上的东西的质量和在天平内的砝码的中央是照着一样的比例减少或增加的。也就是说，虽然重力改变了，但重力的平衡还是不会改变的。”

“好的，我知道了。”

我虽然是这样说，可我还是试图把手杖折断，然后看看我的力气是不是变大了。这个手杖并不粗，昨天它还在我的手里发出了快断掉的声响，可我现在用力去折它，但它却还是完好无损。

“扔掉它吧，你这家伙真是固执得要命!”朋友说，“现在还不如想想，因为发生了这样的变动，这个世界会变得怎么样。估计都炸开了锅吧……”

“你说得对。”我扔掉手杖，“因为这个变化，我都把其他事情忘得一干二净了。我都忘记了有其他人的存在。其实，我们俩很希望和其他人交换一下意见……”

“不知道其他朋友怎样了……是不是还有其他的变动呢?”

昨天因为光线太强了，妨碍到我们休息，所以把窗帘都放了下来。现在我去拉开窗帘，正想同邻居说话，可是一看到外面，我就急忙抽回身子。天哪，真可怕！外面一片漆黑，天空黑得和黑墨水一样。

城市去哪了？人们又在哪？

这儿荒凉到了不可思议的地步，而太阳又是多明亮啊！

我们两个人该不会是跑到哪个荒凉的行星上去了吧？

所有的一切都让我心中非常纳闷，除了嘀咕出几个字来，其他的一句都说不出来。

朋友还以为我要晕倒了，急忙跑过来。这时我用手指着窗户让他看，当他跑到窗前时，也和我一样惊奇得一句话也说不出来。

我们之所以没有晕倒，是因为重力很小，没法发生血液回流心脏过多的现象。

我们观察了一下周围。窗户上的窗帘已经放下，那些令我们惊奇的景象已经看不见了。屋内的一切和往常一样，看着那些熟悉的东西都还摆在原位，让我们安心了不少。可是我们仍然还有些害怕，两人紧紧地靠在一起。最初，我们只把窗帘掀开一条小缝，到了后来才掀开所有窗帘。最后我们觉得老待在房间里也不是办法，便决定走出室外，去看看那漆黑的天空和四周的景象。

虽然我们想着出去看看的事情，但我们也注意到了当我们在房间里走动的时候，必须小心翼翼地，不然的话，鞋底就会在地板上滑动，不过没有摔跤的危险；然后当我们要迅速往前走的时候，我们需要把身体往前大幅度倾斜。然而，这都只是我们的感觉罢了，实际上，我们的一切活动都是轻飘飘的……平常人们下楼梯需要一个台阶一个台阶地走，这样尽管在地球上非常合适，但在这里就显得很可笑了，因为我们都是用跳的，上下楼梯只是轻轻一跃就是十几个台阶，有时候，我们一下就跳到了楼梯下面，或者直接从窗口跳出去。不管怎么样，这样的环境让我们变成了会跳动的动物，有点儿像青蛙一样。

我们就这样在房间里一阵乱跑乱跳，然后跳到了外面，之后一蹦一跳地跳向一个离我们最近的山丘。

太阳非常耀眼，好像是蓝色的。我们用手遮住这刺眼的阳光和周围那些反射的光线，然后就能够看到无数的行星，它们也大都是蓝色的，不管是恒星还是行星都不会闪烁，看上去就像是在黑色的穹隆上钉上了许多银色的钉子。

看，那是月亮！我们无法不对它感到惊奇，因为这个月亮比我们以前见过的月亮要大上两三倍，而且亮度要比我们在地球上白天看到的月亮要亮得多了。在这里，晴空万里，没有植物，没有动物，到处都是一片寂静……这就是一片荒漠，头上是漆黑的穹隆和那蓝色的太阳。这里没有湖，没有河，甚至连一滴水都没有！如果地平线发白的话，就表示有水蒸气，可它和天空一样漆黑。

这里没有拂动青草和摇晃树枝的风，也听不到虫鸣，看不到飞鸟和彩色的蝴蝶；这里有许多高度惊人的高山，可山顶却看不见白雪皑皑；这里有山谷、平原和高地，在那上面还堆着许多石头，有大有小，有黑有白，但每颗石头都棱角分明、闪闪发亮，没有一颗是圆滑的。

这里虽然有起有伏，但总的来说还算得上是平坦的。地上连块碎石都没有，只有黑色的裂痕……地面上全是硬邦邦的石头，没有沙子和黏土。

这该是多么凄凉荒芜的一幅景象啊！甚至连山都是赤条条的，一丝不挂，上面没有绿色，更没有洁白的云朵，或蓝色的轻烟……各种景物都非常的清晰，可阴影却是那样的黑，明暗的界限无比鲜明。这里没有海市蜃楼的景象，因为这种景象只有有空气才会出现，而这里没有空气。若是要用撒哈拉沙漠跟这里的景色相比，撒哈拉沙漠简直可以称之为天堂了。可惜得很，这里除了没有植物之外，就连动物和那些被风吹动的热沙都是看不见的……我们要回去了，地面冰冷得吓人，而且寒气直往上蹿，把双脚冻得冰凉；而头上的太阳却让人觉得像火烤一样，这让我们感到很不舒服。那种感觉就像是一个很怕冷的人在火炉旁边烤火取暖，虽然炉火旺盛，但是因为房间实在是太冷了，怎么都不暖和。当阵阵暖意在皮肤上划过，身上虽然舒服，可还是在打寒噤。

在回家的路上，我们像羚羊一样轻巧地跃过 4 米高的石堆时，身上感到温暖些。石堆里有花岗石、云斑石、黑花岗石、山水晶、各种透明与不透明的石英石和矽石。之后我们还看见了火山爆发的迹象，不过那已经是很久以前的了。

## 2. 回到了家里

房间里的温度正合适，让我们感到很舒服。所以我们就开始总结我们刚才的所见所闻，交换一下意见。事实告诉我们，我们两人现在在另外的行星上。这个行星上没有空气，没有任何气体。因为要是存在空气的话，星星是会闪烁的，天空也会是蓝色的，远方的高山周围会弥漫着烟雾。可是我们不明白我们两人是怎样呼吸的，怎样听见对方说话的呢？我们实在是不了解。我们从很多地方可以发现，这里没有任何一种气体。我们在这里点不着香烟，划不燃火柴；而且我们有个密封的、不透气的橡皮囊，但我们能够毫不费劲地将它给捏扁。如果说橡皮囊里有气体的话，我们是没法将它捏扁的。科学家们也证明了，月球上是没有气体的。

“你说我们会不会是在月球上呢？”

最后我们躺在床上，身上盖着被子，因为这里重力很小，被子非常轻。在这里我们几乎用不上枕头和褥子，甚至可以直接躺在木板上。

我心里总感觉我们上床的时间太早了。看那太阳都没有落下，而且时间也不走。这时，太阳和时光好像是月球的整个自然界一样，一动也不动地待着。

我的朋友没有回答我，慢慢地，我也进入了梦乡。等到我醒来的时候，我的精神很好，也感觉非常高兴，而且食欲旺盛。以前不是这样的，因为那时候我们心里惶恐不安，根本就吃不下东西。

我想要喝水，然后我打开瓶塞……是怎么了？水沸腾翻滚起来，虽然不是特别厉害，可的的确确是在沸腾。我怕把手给烫着，轻轻地摸了一下水瓶，但并不烫，水刚有些热气，喝这样的水，真感觉不舒服！

“我的物理学家，这种现象要怎么解释？”

“这里是真空状态，这时水不受大气压力限制，所以是会沸腾的。你不用塞瓶塞，让它沸腾吧！在真空情况下，沸腾的结果是凝结。不过我们不让它达到凝结的程度。好啦！你将水倒在玻璃杯里，然后把瓶塞塞上，不然蒸发的水就太多了。”

因为在月球上，水流动得很慢……瓶子里的水不像之前那样，已经稳定下来了，可杯子里的水还在轻微翻动着，随着时间变长，涟漪则变小。

杯子里喝剩下的水最后结成了冰块，然而连冰都蒸发了，所以水也变得越来越少了。

可我们现在要怎么吃午饭呢？

面包和那些较硬的食物倒是容易吃到，只不过放在盖得不严实的箱子里，食物会变硬，面包会变成石头，水果也变得干瘪，而且也相当的硬，水果皮倒是还含有水分。

“我们都习惯吃热的饭菜了，但现在怎么办？在这里可没有方法生火，别说没有柴火和煤炭，就连火柴都划不着！”

“那我们可不可以利用阳光呢？你知道吗？撒哈拉沙漠里的热沙可以烤蛋……”

于是我们将罐子、锅，还有其他可以盛放食物的器皿都进行改制，让它们的盖子能够十分紧密地盖上。我们按照平时的习惯把不同的食物放在不同的器皿里，然后将这些器皿放到有太阳的地方。之后我们还把房间里的所有镜子都拿出来，将它们排开，让它们把折射的阳光集中到罐子和锅上。

不到一个小时，我们就吃到热乎乎的食物了。

真是太奇妙了……如果你们看到我们现在这副狼吞虎咽的模样，就会知道我们并不是在这里天南海北地瞎吹。我们饿极了，就是再难以下咽的东西现在都是美味佳肴。

不过有一点不好，饭不能吃太慢。实话说，我们噎了好多次了。原来这些汤不仅只会在盘子里沸腾冷却，甚至在咽喉、食道和胃里，也会沸腾冷却，一个不留神，汤就变成冰块了。

奇怪，蒸汽的压力让胃膨胀了不少，但它为什么不破呢？不过无论怎样，我们终于吃上一顿饱饭了，而且吃得非常舒服。让我们感到莫名其妙的是，我们怎么在没有空气的地方生活的。我们两人和我们的房子、庭园、花园、地窖仓库及里面所储存的食物饮料是怎样搬到月球的？我们甚至对自己感到怀疑。我们心想，是不是我们在做梦，在幻想呢？还是妖魔鬼怪在作怪呢？后来，我们对一切都习以为常了，有时会有好奇心，可有时也漠不关心，我们已经不会对奇妙的现象感到惊奇了。同时，我们也不会想到会变得孤单的不幸和存在的饿死的危险。

为什么我们会抱着这样似乎不该有的乐观主义态度呢？等到这次探险结束后，大家就应该会了解了。

吃完饭后，我想要出去散散步，我不打算睡太多的觉，因为我怕会晕倒。于是我拉上朋友一起去散步。

我们在一个宽阔的院子里散步，中间是一座楼房，周围有附属的房屋和院墙。

有块石头放在这里，挡住了我们。这块石头为什么会在这儿？会把人撞伤的。我们把石头扔到院墙外面吧……你看，九百多千克重的大石头，我们两人一用劲就把它给抬起来，扔到院墙外面了。咕咚一声碰到月球的地面的声音没有通过空气传到我们这里，而是通过地面传过来的。石头落地时让地面发生振动，然后振动传到了我们的身体和耳骨。正是这样，我们时常会听见我们丢掷东西时发出的声响。

“我们要是利用这种方法，是不是互相之间可以听到呢？”

“恐怕不行。声音不会像在空气中那样传播。”

因为我们的动作很轻巧，所以我们很想爬到高处和跳起来。

童年是多么美好啊！我还能够记得自己小时候是多么的淘气，像只小猫一样灵活地爬上房顶和树枝。还有跳绳、跳沟和夺取竞标赛跑等比赛，我还是个孩子的时候特别喜欢这样的活动。可当时我的力气很小，手没有劲。跑和跳还能凑合，不过爬竿爬绳这些就很费劲了。

我还曾经幻想过自己有很大的力气，这样就可以报复对手和帮助朋友。现在想来，我觉得这样的想法非常可笑，不过更为可笑的是小时候那些热烈的愿望现在竟然在这里实现了，因为月球上的重力很小，我感觉自己的力气增大了5倍。

除了这个之外，我还不用为自己的体重所累，所以更加大了力气的效果。现在，对于我来说，院墙算什么呢？就跟地球上的门槛或者板凳一样，只是一

抬脚就能够迈过去。瞧，我们似乎是为了证实这样的想法是对的，不用跑，只是纵身一跃就翻过了院墙。再看我们还能跳到棚子顶，甚至还能够飞越它，不过在跳之前需要跑上几步。而跑起来也是非常的轻快，就像飞一样。来，我们来比画比画，看谁能够胜利……

我们只是用脚跟在地面上轻轻一蹬，立刻就飞出好几米远。要是一直向前，还能够飞得更远些。我们只花了 1 分钟就绕着院子跑了一圈，这一圈可是有一千多米呢！速度真快，像匹快马一样。

我们实际进行了测量，当我们跑的速度不是很快的时候，我们的腾空高度大约是 2.8 米；而我们向上飞起的时候，如果助跑的速度快的话，我们最高能飞起四五米。`

“我们到塔上去吧！”

我们只花了一丁点的力气，甚至只是用一只左手，就顺着绳子爬上了塔上的跳台。

这里离地面有 3 米左右的高度，看上去真让人害怕，头有些发晕，和在地球上一样。我是第一个跳下去的，我提心吊胆地纵身一跃……哎哟，我的脚后跟在落地的时候碰到地上，有些发疼。

我本来是应该要把这个情况告诉我朋友的，让他小心别摔伤了。但我没有告诉他，我打算骗他一下，诓他往下跳。

我抬头喊道：“你跳吧！不会有事的。”

“我才不会被你骗。我可是知道从这里往下跳，和在地球上从 3 米高的地方往下跳是一样的，脚后跟会有些疼。”

他也飞了下来，他的速度很慢，特别是在刚飞下来的时候，从跳下到落地，他花了 5 秒钟的时间。

在这 5 秒钟的时间里，可以想很多事情。

“物理学家，感觉如何？”

“只有心跳，其他的倒没什么。”

“那我们去花园吧！我们到那儿去爬树，在林荫路上奔跑。”

“奇怪，花园里的树叶怎么都没有干枯呢？”

花园里有大树遮挡阳光，有着高大的菩提树和白桦树，我们像松鼠一样，在细细的树杈上爬或跳，但树杈还是完好无缺的。不过这也是当然的，我们在这还没火鸡重呢！

我们在灌木丛上跳跃，在树木之间走动，来去自如，就像飞翔一样。多快活，多容易保持平衡。在树杈上，我的身体晃了一晃，差点就要摔下来了，可身体倒下的时候非常慢，我只要伸出手扶一下周围的树枝，或者用脚轻轻一蹬就能够保持平衡了。

虽然院子和花园都很大，但我们已经感觉它们像笼子一样狭小。我们来到宽阔的地方，最初，我们奔跑在平坦的地上，我们碰到了一些宽大概有 20 多米的浅沟。我们助跑几步，然后纵身一跃，就能轻而易举地飞越这些浅沟。刚开始坡度很平缓，但慢慢地越来越陡峭，跟悬崖峭壁没两样。我忍不住喘气。

我们在心里嘀咕了好一会儿，结果是我们迈着又快又大的步伐爬上山坡，山很高。尽管说在月球上行动非常轻松，可人还是会感觉到疲惫，我们坐在了比较平滑的石头上。这里感觉软绵绵的，难道说这里的石头是软的？

我搬起了一块石头砸向其他石头，结果冒起了点点火花来。我们休息够了，也该回去了。

“现在我们离家有多远呢？”

“可能有四百多米吧！”

“那你可以把石头扔这么远吗？”

“我不知道，试试看吧！”

我们两个人各拿起一块带有棱角的石头，开始比谁的石头扔得远。我的石头飞过了住宅，成绩不错。我一直看着石头飞行，生怕它会打碎了谁家的玻璃。

在月球上打枪估计会很有意思。子弹和炮弹不管怎样都可以飞出几百米远。

“不过火药能够在这里燃烧吗？”

“爆燃物在真空中比在有空气的地方威力会更大些，因为有空气阻力，所以会阻碍爆燃面积扩大。因为爆燃物本身就含有一定数量的氧，所以就不需要氧了。”

## 3. 我们在月球上做实验

我们回到家中。

“我现在把火药撒在有阳光照射的窗台上了。”我说，“你用凸透镜的焦点对准它。看，它冒火了，虽然我们没有听到声音，但它确实爆炸了。”

这时，我们闻到了火药爆炸时的味道，但很快就消失了。

“那大小呢？因为地球和月球与太阳的距离相差不大，我们只能在它们上观察到这样的现象。若是在其他行星上观察的话，太阳会显得大一些或者小一些。比如在木星上看，太阳的视角要小五分之四；而在火星上，要小三分之一；可是在金星上看的话，情况就相反了，太阳的视角要大上半倍。在太阳照射下，金星的温度比地球高出一倍，而火星则比地球低二分之一，尽管说两个行星距离非常近。而木星就只有地球的二十五分之一。”

“嗯，我们确实是在月球上。所有的现象都证明了这点。”

“我们看到的月亮体积也能够证明，这个月亮是我所看到的那片像白云一样的东西，它就是我们曾经居住的地球。很可惜，现在我们不能通过观察它的斑点和面貌来确定我们所在的地方，只能等到晚上再说了。”

我又对朋友说：“可你要怎么说地球和月球与太阳的距离相等呢？你怎么说地球和月亮距离太阳同样远呢？在我看来，它们相差很大呢！”

“我只是说相差无几，大约只等于地球和太阳间距离的四百分之一。这四百分之一是微不足道的。”物理学家反驳说道。

我感觉非常疲惫，不仅仅是体力上的疲惫，还有精神上的疲惫。上下眼皮总想打架。时间可以说明什么呢？我们 6 点起床，到现在已经是下午 5 点了，过了整整 11 个小时。但是根据阴影判断，太阳像是没有移动。之前嶙峋峭壁的高山所投下的阴影到现在几乎都没有变化。风标的阴影仍然还落在那块石头上。

这是说明我们在月球上的又一证据。

事实上，月球的自转速度是非常慢的。在月球上的白天相当于地球上的15个昼夜，360个小时，夜晚也是一样的漫长。这非常不方便，因为阳光妨碍到了我们的睡眠。以前夏季的时候，我曾在北极地带住过一段时间，我还能清楚地记得那里的太阳总不下山，让人十分烦躁。可是那时的情况和现在的情况还是有很大差别的。在这里，太阳运行得非常的慢，但规律是不变的。可在北极地带，太阳运行得非常的快，每24小时就在空中兜一个圈子。

不过不管是在北极还是这里，都有一个办法，那就是把窗户给关上，拉上窗帘。可钟表的时间准确吗？为什么怀表和有钟摆的挂钟的时间差距这么大？怀表上的时间是5点，而挂钟只有9点多，到底哪个正确呢？钟摆为什么偷懒？

显然是挂钟的时间错了。因为怀表不是依靠重力运行的，而是利用钢游丝的弹力来运行的。所以不管是在地球上还是月球上，这种弹力是不会发生改变的，因此怀表是不会说谎的。

我们测量了一下脉搏，就证实了这点。我的脉搏原先是每分钟跳动70次，现在是75次，也只是比平常多一些。这种变化可能是神经兴奋导致的，是正常的，因为当人们遇到非常环境和刺激时，神经是会兴奋的，这时心跳会加速。

这里还有另外的测算时间的方法，那就是在夜晚，我们可以看到地球，它每24小时自转一周。这是最好的而且是不会错的钟表了。

尽管我们两人已经非常的疲乏了，但我的朋友还勉强撑住，去调整挂钟。他取下挂钟的长摆，仔细量了下，然后说：“我们能够进行射击，不过可别忘记罩上枪塞。凸透镜和太阳可以用来代替枪机开火。”

“记得把枪口朝上，方便子弹射出去后，能够在附近找到。”

我们开了一枪，发出了细微的声响，地表轻微振动了一下：“枪塞跑哪儿去了？”我惊奇地喊道，“它应该不会落在很远的地方。”

“它是和子弹一起飞出去的，应该不会落在子弹后面，因为在地球上有大气的阻碍，才让它赶不上子弹。而这里，羽毛下落的速度和石头下落的速度是一样的。比如说，你拿着一根羽毛，我拿着一个小铁球，我们两人投掷它们是一样轻松的，而且也可以同样打到目标，甚至很远的也可以。在这样的重力下，我能够把小球扔到460来米的地方，你也一样可以把羽毛投掷同样的距离。当然，用它是打不死人的，而且投掷时也不会觉得自己是在扔东西。我们的力气相差不大，我们用尽力气，把手里的东西投向那个红色的花岗岩上……”

我们可以看到羽毛好像有狂风在吹它，似乎比小铁球的速度还快。

“可为什么都还不见子弹掉下来呢？从我们射击到现在已经有3分钟了。”

物理学家回答：“一定会回来的，你再耐心等两分钟吧！”

果不其然，过了两分钟，我们感觉到地面轻轻振动，看到了枪塞在附近跳动。

我很惊奇：“但为什么没有看到子弹。难道只是一绺麻线就能让地面振动吗？”

“可能是因为撞击，子弹灼热的程度达到了它的熔点，所以它变成了细末，飞散在周围。”

我们在周围搜索了一会儿，果然看见了几个非常小的霰弹，显然是被熔化的子弹的细末。

“它飞出去的时间可不短。”我又问道，“可它的上升高度是多少啊？”

“估计有70千米左右。因为这里的重力很小，再加上没有空气阻力，所以可以达到这样的高度。”

我们的身心都非常疲乏，需要好好休息休息。尽管是在月球上，但过分的跳跃还是不行的。因为我们连续的飞行，每次飞行着陆时，不一定都是双脚落地，所以时常会碰伤。在4~6秒的飞行时间中，我们不仅能够在相当高的地方观看周围的情况，而且手脚还能做些动作。我们想在空中翻个筋斗，不过没有成功。之后我们学会了在前进的同时，进行旋转运动，这样的话，我们就能够在空中随意地翻上1~3个筋斗。这种动作自己亲自做的时候会感到非常有趣，就算只是在一旁观看也都会觉得很好玩。就拿我自己来说，我就观看了许久我朋友的动作，他没有支撑，两脚悬空，就能够翻筋斗，要是把这些详细地记录下来，都可以写成一本书了。

我们回到床上，足足睡了 8 小时。天气变得暖和了。太阳越上升，身体被晒到的面积就越小，但地面却暖和起来，不再是刺骨的寒冷了。在太阳和地面的双重作用下，天气不但温暖起来，甚至开始变得炎热了。我们知道我们要赶紧采取预防措施，不然不用等到中午，我们就会被这炎热烤焦的。

可是要怎么办呢？

我们曾经进行了各种假设。比如可以待在地窖里几天。可它不够深，所以不能保证再过 250 小时，它能够不透热。而且这个封闭的空间里没有任何东西，我们会感到无聊寂寞的。

或者可以说，寂寞无聊和缺乏设备要比被烤焦好得多。这样的话，找一个较深的峡谷不更好一些吗？我们可以进入峡谷，在那里凉爽地度过剩下的白天和部分夜晚。这比在地窖里好得多了，如果不是山穷水尽，没有任何办法了，谁会愿意走进那里呢！

所以我们两人决定到峡谷里去，要是觉得太阳晒得太厉害了，我们就再往下走，只要到了几十米深的地方，就只能看到微弱的太阳光了。这样既不会太热，也不会太冷。

我们带上食物和阳伞，食物放在了密封的箱子、木桶里，然后我们穿上皮大衣，不管是太冷或太热，它都是有用的，何况在月球上穿着它们不会觉得累。

我们在家里先待上几小时，在这几小时里，我们吃饭休息，还讨论了一会儿在月球上要怎样做体操的问题，地球上那些柔软的体操家来到这里，一定可以做出很多奇妙有趣的表演。

现在这个时候，外面被阳光直射的地方已经非常的炎热了，我们如果不在鞋子下绑上一块厚厚的木板的话，根本就无法行走。事不宜迟，我们准备东西的时候，在慌忙之中不小心把玻璃食具和陶瓷器皿掉到地上了，幸好因为重力非常小，它们没有损坏。

对了，我差点就忘记和我们一起来到月球上的那匹可怜的马的遭遇了。它真不幸，我们想把它套在车上，它突然蹿了出去，速度飞快，就像风一样，然后它跌倒了，还碰伤了。之后，它因为不知道力学原理，没来得及躲避路上的巨大石块，然后撞了个粉身碎骨。

我们尽快出发。我们带了一切需要的东西，肩上背着大包。它们并不累人，因为它们很轻，感觉就好像是空的一样。走之前，我们把门窗都关上，以免高温让房屋烧毁或者损坏。之后我们就去寻找合适的峡谷山洞了。

寻找的过程中，温度的急剧上升让我们惊讶不已，被太阳长时间暴晒的地方跟用火烧的炉子一样烫。我们赶忙走到那些巨石或者峭壁的阴影下休息乘凉。阴影里边和被太阳照的地方简直是一个天一个地，阴影里非常凉爽，要是在这儿多待上一段时间，没有穿皮大衣是受不了的。但待在这里不是长久之计，因为太阳转到另一边就会晒到这些阴影的地方。我们很清楚这点，所以必须得找一个峡谷，等到太阳晒到的时候，在短时间内无法将石头烤热。

我们发现了一个峡谷，峡谷两边的峭壁与地面几乎呈直角。我们只看得见峭壁的一段，峡谷里黑漆漆的一片，好像深不见底。我们沿着小道，总算是找到一个斜坡，这个斜坡估摸是通向地狱的吧！起初走着还没什么问题出现，但到了后面就越来越黑，已经是伸手不见五指了。要是继续往前走，不知会有什么危险，我们心里十分害怕。这时，我们想起还带有手提电灯，打开手提电灯，马上把峡谷照亮了 40 米左右的深度，顺着斜坡走似乎是很方便的，然后我们顺着斜坡往下走。

谁知道这是个无底的峡谷，谁又料到它像地狱一样，这样糟糕的地方让我们大失所望。

峡谷之所以黑暗，是因为它在阴影的遮挡下，而且又窄又深，周围和山上的阳光无法反射到这里来。再者就是，这里没有大气，光线不能通过大气传进来。而地球上就不一样了，无论是在多深的井中，都不会像这样一片漆黑。

我们扶着岩壁缓慢地往下走，越往下，温度就越低，不过总是在 15℃ 以上。我们选了一块平坦的岩石表面，铺上皮大衣，然后坐了下来。

现在是怎么回事，是到了晚上吗？我们遮住电灯，看到黑暗的天空，上面是无数灿烂的星星。

可是精确的怀表告诉我们时间没有过去多少，而太阳是不会突然落下的。

唉，真倒霉！我们一个不小心，竟然打碎了灯泡，不过还好，碳精丝还在发光，甚至比之前还要明亮，若是在地球上，它会马上在空气里烧毁的。

我好奇地伸手去触摸碳丝，结果，它断掉了，周围又陷入了黑暗之中，我们看不到对面的人影，只能依稀地看到高处的峡谷边缘和黑色天空上的繁星点点。

我无法相信这是太阳高照的白天。实在忍不住的我费了很大力气把备用电灯取出来，接通电源后，向上方走去，越靠近地面就越亮，也越炎热。阳光依旧耀眼，照花了我的眼睛，手提电灯的光一点儿也看不到了，像熄灭了一样。

是啊，还是白天，太阳还在，阴影也还在，一切都没有变化。

高温几乎要把我给热化了，我赶紧退回原来的地方。

## 4. 我们从月球上观看地球

因为没有什么事情，我们就像土拨鼠那样睡起觉来，这里也没被太阳烤热，温度非常宜人。

有时候，我们睡醒了就走出峡谷，找一块阴影，在那里看太阳，以及其他恒星和行星，还有我们的“大月亮”的运行情况，要是把在月球上看见的“大月亮”和在地球上看见的那个小小的月亮相比的话，就好像是在拿苹果和樱桃比较。

太阳的运动速度和其他的恒星差不多，只比它们稍稍慢了一点儿，类似这样的情况，在地球上也可以观察到。

“大月亮”是不动的，非常遗憾的是，我们在峡谷里是看不见它的。这时候虽然离夜晚还远，可因为峡谷里很黑，按理说，我们能够很容易找到它才对。我们抱怨自己没有找到一个可以看见“大月亮”的峡谷，但现在再找已经太晚了。

将近正午，阴影没有继续缩短。这时出现了一弯新月，太阳越靠近它，它的颜色就越白。

日食现象在月球上是时有发生的，而且非常壮丽。这种现象在地球上是很少的，就算发生了，也不如在这里看到的壮丽。日食的阴影非常小，就像别针头大小。在地球上，日食阴影是一个长条，顺利的话，可以从这个城市移动到另一个城市，在每个城市都停留几分钟。可是在这里，阴影有时候会完全把月球遮挡住。不过大多数情况下，它只是遮住月球表面的一部分，所以会连续几个小时是漆黑一片。

这弯新月越来越消瘦了，等它靠近太阳的时候，我们几乎看不见它的身影，然后它完全消失了。

我们爬出峡谷，透过一块黑色玻璃来观察太阳。看，好像是有人用一只看不见的手指挡住了太阳的一半，一部分光亮被挡住了。再过一会儿，我们就只能看到半边太阳了。最后，就连那残余的半边太阳也看不见了，太阳光完全消失了，所有的一切陷入了黑暗之中，一片巨大阴影遮挡了我们。阴影很快就消失了，我们看到了那个“大月亮”和满天的繁星。现在，已经不是刚才看到的那弯新月了，它像个漆黑的圆盘，周围是鲜艳夺目的明亮光芒。唯独先遮挡太阳的那半边，显得有些灰白。

我看到了美丽的彩霞，以前在地球上，我是多么喜欢看它啊！

周围的地表泛着一片深红色的光辉。估计现在地球上有许许多多的人在观测月全食，他们或许正用肉眼或者望远镜看着我们呢！

正当我们触景生情时，那深红的光环越来越匀称和漂亮了，光环均匀地将整个“大月亮”围起来，这时日食到达了顶点。过了一会儿，它的一侧开始渐渐发白、明亮，好像是镶嵌在红宝石戒指上的钻石。

这颗钻石变成了太阳。光圈消失了，黑夜又变成了白天。我们也回过神来，原先的景象又出现在我们眼前。我们开始聊起天来。

“我们选择了靠近阴影的地方，对太阳进行了观测工作。”

可是，你们也许会问：“你们是用什么方式在靠近阴影的地方观测太阳？”

我说：“不是所有阴影的地方都非常冰冷，也不是所有阳光照射的地方都是炽热的。其实月球表面的温度主要是通过太阳照射某地方的时间来决定。就比如说，有的地方之前一直是被阴影遮着，现在才被太阳晒了几个小时，显然，这些地方温度不可能高，而且还会非常低。但凡是嶙峋峭壁，山势险峻之处，总会有阴影，它的附近虽然也会被阳光直射，但总是冰冷的。不过这些地方离我们一般很远，当我们找到那里之前，就会被烤焦了，就算是有遮阳伞也不管用。”

我们看见峡谷里有许多石头，为了我们在这里可以更舒服，同时也活动活动身体，我们决定拿这些没被太阳晒热的石头搬到峡谷入口的附近，围成一个空地，这样我们就不会中暑。说做就做，我们按照设想把石头搬了上去，这样，我们就能够随时走出峡谷，坐在石头围成的空地里进行观测。

虽然说这些石头会被烤热，但我们可以再搬一些上去，换掉那些热的石头，峡谷里的石头还有很多，而且月球上的重力很小，我们不会感到劳累。在日食之后，我们便动手做这个工作，然后很快就完成了。

之后，我们开始着手测量我们在月球上的停留地点的经纬度，这事做起来还算简单，因为只要知道 2 分点的时间和太阳高度就可以了。结果我们测定了我们所在的土地上的纬度是北纬 40°，就是说我们不在月球赤道上。

现在已经是正午了，要是用地球上的昼夜来计算的话，从太阳升起到现在已经过了 7 天了。我们没有看到过月球上太阳升起的景色。因为其实我们在月球上待的时间只有地球上的 5 天。就是说我们来到这里的时候，已经是月球的清晨的 48 小时。这也说明当我们醒来的时候，地面为什么会这么冷。原来在看到太阳之前，已经度过了相当于地球上的 15 天，所以让它非常的冰冷。

我们睡觉又醒过来，每当醒来时都能看到满天繁星。这样的景象在地球上也是很常见的，星星也都还是那些星星。只是我们现在所在的峡谷非常狭窄，所以没法一下就看到许许多多的星群，而且它们是不眨眼的。

看，那是木星。在这里，我们只用肉眼就能够看到它的卫星，还能观察这些卫星的星食。瞧，看不见木星的身影了。北极星出现了，不过北极星在这里没有什么用处。我们在峡谷里无法看见“大月亮”，就算我们在这儿等上几十年甚至上百年，也不会看到它。它是不动的，也不会落下。除非我们在行星上活动，它看上去才会有些生机，会升起、降落。至于这个，我们之后再说吧。

总是睡觉也不好。我们制订了计划：晚上，我们爬出峡谷，当然不是在日落之后就出来，而是等日落几十个小时之后再出来。我们去看看我们的房屋怎样了。然后在这“大月亮”的光照下，在月球上漫步，欣赏一下“月”。之前我们看到它像一朵白云一样，但到了晚上，我们就会看到它的全部模样。它转动得非常快，大约每 24 个小时就旋转一周，按照月球的昼夜衡量，这 24 小时是少之又少的。

这个“大月亮”——地球，也和我们在地球上看到的月亮一样，是有盈有亏的。

现在，在我们这里看来，正午恰好是新月，或者新地，夕阳下山时是上弦，半夜是满月，太阳升起时则是下弦。

这里不但只有晚上可以看到，就算是白天，也能时常看到“大月亮”。这当然不错，但只有我们在地球上能看到的那半边月球上，才能够看到地球，我在地球上看不到的另外月半球，是看不到地球的。这半球对地球来说，是非常神秘的，从地球上是永远不会看见它的。正是因为这样，它才让科学家们感到了巨大的兴趣。

月球上到底有没有居民呢？他们是怎样的？和我们相似吗？到目前，我们没有碰上一个月球生命，而且也很难碰上，因为我们一直待在一个地方，研究体操的时间要多过了研究月球的时间。

地球上看不到的另外半边月球是很有趣的。那里可以看到黑色的天空，每到晚上，就是满天的繁星。虽然这些星星很小，但拿望远镜就能够看清楚。是因为它们的光没有大气层的干扰，也不会被“大月亮”的强光干扰。

在那里会有气体和液体吗？会不会有月球居民呢？我们一边等待太阳落山，夜幕降临，一边用这样的谈话来消磨时间。不过我们没有感到寂寞。我们想起以前物理学家说过的关于油滴的实验。

当油滴水平落下的时候，它们就像一个苹果一样大小。而当油滴从物品的尖端落下时，就会小许多。在这里，油通过小孔流出来的速度，与地球上同等条件下相比，要慢上五分之三。月球上，毛细管现象比地球上要大 5 倍。比如说油从器皿边缘上升，比正常时候高 5 倍，而油盛在酒杯里是呈凹面状的。

我们的肚子也没有忘记饥饿，它每隔6～10 小时就会因为饥饿发出声响，我们就用食物还有饮料来填饱肚子，补充体力。

我们有一个炊壶，它的盖子被拧得很紧，因为我们时常要喝喝茶。

我们自然是不能用在地球上的办法来加热炊壶，因为不管是燃烧木炭，或者枯枝都需要空气中的氧气，而这里是没有空气的。所以我们只是将它放到太阳底下，用炎热的小石头将它围起来。很快炊壶里的水就开了，但是它并没有翻滚冒泡。热水因为受到了过大的蒸汽压力，只要一打开水龙头，就会喷涌而出。在这里品茶既不舒服，更不好玩，甚至会有被烫成重伤的危险。因为这些热水就像是爆炸了的炸弹那样向周围飞溅。

所以我们先把茶叶放进炊壶里，然后让它在壶子里滚开，然后再把壶子从那些热石头上拿下来放凉，这样，我们就可以喝到既不会有烫伤危险而又已经泡好了的茶了。不过就算是这些比较凉的茶，也会从壶子里冲出来，并且将它倒在杯子里的时候，它还会沸腾，尽管茶已经凉了，还是有种在喝开水的感觉。

## 5. 我们追赶太阳

过了不久，我们看到了日落的景色。

太阳紧贴着一座高山的山峰，若是在地球上，我们就可以直接用肉眼观看了。但在这里是不行的，这里没有大气，所以没有削弱阳光的温度和辐射。我们只能透过黑玻璃来对它进行观察。

夕阳落山的时间很长，它的动作是缓慢的，就像一个老太太一样。太阳和地平线连在一起都已经过了半个小时了，但还是有一半留在天空。

在彼得堡或者莫斯科，日落的时间不过是三五分钟，之后太阳就完全看不到了，在热带，日落的时间会更短，大约要两分钟，只是在南北极，日落的时间才会很长，大约有几个小时。

过了许久，终于，太阳还残余在天空中的一小部分也落到了群山后面了，像颗灿烂的星星一样。

在月球上是不会看到艳丽壮美的晚霞的。虽然没有晚霞，但只要我们环顾四周，就会看到许多山峰被灿烂耀眼的回光照得透亮。

这种光也是非常明亮的，就算没有“大月亮”，我们也可以在很长的时间里不陷入无边的黑暗。

有个远处的山峰好像一盏灯一样一直照耀了 30 小时，但最后它的光芒也消失了。只剩下“大月亮”和点点星光照耀着我们，这些星光真的是微弱得可怜，暗淡得很。

太阳落山后的几小时以后，它的折射光线比月亮的光芒还要亮上许多。可现在当最后一个发亮的山峰也失去光芒之后，就只有“大月亮”了。它是夜的主人，支配了整个月球。

我们有足够的时间观察它。它要比地球上看到的那个月亮大 14 倍，我之前说过，要是将在地球上看到的月亮摆在它的旁边，就好像是将樱桃放在了苹果旁边一样。而且这个“月亮”的亮度要比我们平时见到的月亮亮上五六十倍。

在月光下阅读是完全可以的。这里一点都不像是夜晚，倒像是什么“太虚幻境”的白天，它的光芒甚至遮住了黄道光和小星光。

“大月亮”多么美啊！地球，你好啊 ！

我们的心脏跳动得非常厉害，也不知是什么滋味，往日的那些记忆一幕幕地在脑海中浮现。

这个一向被人称之为“尘世”的地球，现在看上去是多么的可爱啊，多么的美丽，多么的神秘啊！我们所看见的它就像是一幅被浅蓝色半透明的玻璃罩住的油画，美丽得动人心魄。

我们能够看见整个非洲，还有亚洲的一部分，我们看到了撒哈拉大沙漠，还有大戈壁和阿拉伯！这些地方终年不下雨，所以在它们的上空也没有一片浮云。只是地球要自转，这时候，这些景象就会渐渐脱离我们的视线。

那些或是一缕缕，又或者一条条的、没有固定形状的白色东西就是白云。陆地是深黄色，或者暗绿色。海洋则是呈暗色，不过具体色调并不一样，有的稍微浅色一些，有些发白的海估计海面上正是波涛汹涌，海浪翻滚。还有一些海面会被浮云遮挡，这些云也不全是白色的，有些是灰色的，至于它们颜色的形成原因大概是结晶冰尘构成了上部光层，然后遮挡在它们的上面。

地球直径的两端特别雪白明亮，那是南北极地表上的冰雪。北端要更白一些，而且面积也比南端的大。

要是云彩不移动的话，很难将它和白雪区分开来。

我们能够看到地球上到处是闪闪发亮的，那是雪地，它们面积虽然不大，但就连赤道上也有。有的是高山的峰峦，它们非常高，而且还在热带地方，但也常年戴着雪盔。

看，阿尔卑斯山在闪着光！

看，那是高加索的峰峦！

看，那是喜马拉雅山脉！

我们通过望远镜看见地球上一切详细的情况。我们是多么贪恋这些色彩斑斓的美妙景色啊！

正是上弦的时候，有半边的地球因为反光微弱，我们花费了很大的力气才辨认出来，它甚至比你在地球上看到月亮的黑暗部分还要暗淡。

我们饿了，准备回到峡谷里去吃饭，在走之前，我们非常想知道地面是不是还非常热。我们从石堆上跳下来，然后我们感觉自己好像跳进了一个非常热的澡堂里，炽热难耐，热气立马穿透了鞋底。

我们回到峡谷里吃饭，峡谷的边缘没有光亮，但是能够看到无数星星。

每隔两三个小时，我们都会爬出来看一次“大月亮”——地球。

要是地球云层不来捣乱的话，在20小时内，我们就可以把它全部看完。可偏偏就有些地方的云彩捣乱，凝滞不散。我们等了许久，都已经不耐烦了，那些云彩才散开。然后我们终于可以进行观察工作了。

我们在峡谷里待了5天，就算是偶尔出来一次，也只在附近走走，而且时间也很短。

按照地球的时间计算法，现在是在第五昼夜末，而按照月球的时间计算法，现在则是在午夜，月球表面已经相当凉爽了，我们打算趁着这个时段漫游月球。之前，一些低地我们还没有到过呢。

月球上的低地非常宽阔，是青黑色的，我们一般把它通称为海。显然，这样叫是不对的，因为那里面别说海水了，就连一滴水都没有。我们是否能够在这些低地里找到水成岩的形成遗迹呢？根据不少科学家的意见，在月球上，水、空气和有机物质很早就没有了。可能否找到它们存在过的痕迹呢？有人是觉得这些东西都在月球上存在过，只是消失了。或许可能还存在于某些深渊裂缝中。过去可能这些东西都存在过，水是因为年代太久远了，已经被土地给吸收了。其他的有机物可能因为水的消失无法存活，也都消失了。因为有水，所以至少会有低等生物存在吧。

可是我的物理学家朋友就不是这么认为的，他一直认为月球上从来就没有过水和空气，更不用说生物了。而且就算是有水和空气，但在这样昼夜温差巨大的恶劣环境下，不可能有任何有机物质存在。

这些疑问争论，等到我们将月球绕上一圈后就会有结论了，也能知道谁是谁非了。

于是，我们收拾好所有东西出发，这些东西原本也不重，现在我们还吃掉了不少食物和饮料，所以更加轻便了。我们告别这待了许久的峡谷。仍然还在漆黑天空上悬挂不动的“大月亮”为我们指出了我们之前的住地。我们往那走去，没过多久，我们就回到了住处。

房屋的护窗板，还有其他木质部分，因为长时间遭受太阳的暴晒，有些表皮烤坏了，有些直接就烧焦了。院子里有一些木桶的破片，这个木桶原来装着水，但是我们不小心将它放到了朝阳的地方，桶盖又盖得很严密，所以水蒸发的压力将它给撑破了，一点水也没有了，全都蒸发掉了。我们走到房门口的时候，看到了玻璃碎片，这是灯上的玻璃。因为灯架子是易熔的金属制成的，所以它因为太热而熔化了，于是玻璃就掉了下来摔坏了。而房间里就很少有东西损坏，大概是厚石墙起到了保护作用，地下室的东西也是完好无缺的。

我们为了不在旅途上因为饥饿、口渴而亡，便从地下室里拿出了所有必需的东西。之后，我们就动身往月球极地走去，我们要去那还没有人见过的神秘的另外半球旅行去。

“最好的办法是我们朝西跑，跟在太阳的后面。”物理学家建议说，“只要在跑动时，稍稍偏向月球极地就可以了。这样，我们不仅可以到达极地和另外半球，而且还可以避免严寒。我们只要不落到太阳后面，就可以在太阳照耀过一段时间的地方奔跑。也就是说，只要是我们跑到的地方，温度都是固定的。

甚至，我们还能自己根据需要，随意变换温度。只要跑在太阳前面，温度就会变高，落在太阳后面，温度就会变低。因为我们是接近平均温度非常低的极地，所以在这点上是非常方便的。”

“这可能吗?”我对物理学家的奇异理论表示怀疑。

“当然是有可能的啦!”他回答道，“你计算一下就会明白了。在月球上，我们奔跑起来非常容易，而且速度可以很快，而太阳的运行速度却是非常慢的。实际上，月球最大的圆周大约有 1 万多千米。要是我们不打算落在太阳后面的话，就要在 30 天的时间内，跑完这个长度，也就是我们的速度要达到每小时 15 千米。”

“在月球上每小时跑上 15 千米!”我惊奇地说，“看上去这个数字算不上什么。”

“好，那你等着瞧!”

“我俩跑着玩，都可以快上一倍了。”我继续说道，“要是按照这样速度计算，我们可以跑上 12 个小时，然后睡上 12 个小时了。”

物理学家解释说:“纬度是距离极地越近就越小。我们因为正好通过这个地方，所以能够逐渐降低奔跑的速度，而不会落在太阳的后面。但是极地是非常寒冷的，它不允许我们这样。我们应该是越靠近极地就要越靠近太阳，不然我们都会被冻僵的。也就是说，我们奔跑的地方应该是极地上能够被太阳光照到较长时间的地方。极地的太阳离地平线很近，因此地表的温度会比较低，等到太阳落山的时候，温度会更低，地表可能就只剩下一丁点儿热气了。”

为了尽可能让温度不发生变化，我们离极地越近，就需要越接近落日的斜晖。

“向西跑!”

我们跑动着，像影子，像幽灵一样。当我们的脚踩在温暖的地表上的时候，是非常舒服的。月亮就要变成一个圆盘了，所以非常的明亮，它在我们面前呈现了一幅非常美丽动人的图画，图画上罩着一块蔚蓝色的半透玻璃，而玻璃的厚度似乎越靠近上边缘就越觉得厚，而且越靠近边缘，玻璃也越黑。在边缘上，我们几乎分不出陆地和水来了，也分辨不了云彩的形状了。

我们现在看到的这半边地球是陆地较多的那半球，等到了 12 小时之后就完全相反了，我们看到的基本上是水，几乎是整个太平洋。它反射的光芒非常弱，如果不是因为云和冰雪让亮度增加的话，“大月亮”是不会像现在这样明亮的。

我们很容易就跑上了高地，但更容易从高地下来。我们有时候站在阴影下，在那里可以看到更多的星星。在我们的眼前只有一些小丘陵。不过就算是再高的高山，对我们来说，要爬上去也是小事一桩，因为在月球上，它的温度是不会随着高度变化而变化的。而且这些高山都没有积雪。在这里，不管是丘陵、斜坡，还是深渊都不可怕。宽度大约有 20～30 米的丘陵和深渊，我们都可以一跃而过。要是它们真的太宽大了，难以一跃而过，我们就会想法子从旁边绕过去，或者利用绳子，带钩的棍子，或者有钉子的鞋子爬过去。因为重力变小，我们在攀爬的时候甚至不需要粗大的绳子，只要一根细绳就可以了。

“我们为什么不朝赤道跑呢？我们也没有到过那里啊！”我说。

“我们随便朝哪里跑都是可以的。”物理学家表示同意。

于是，我们立马就改变了方向，向赤道跑去。

我们跑的速度太快了，地面上越来越热。最后，我们甚至不能继续奔跑了，因为我们已经来到被太阳晒得灼热的地方了。

“要是我们一直用这样的速度，并且不改变我们奔跑的方向，始终向西，将会发生什么呢？”我问道。

“假如我们照现在这样跑上 7 天，就能够先看到被太阳照亮的山头，然后看见从西边出来的太阳。”

“难道太阳会从它平时落山的地方升起来吗？”我很怀疑地问。

“没错，就是这样。要是我们是童话中的火神，那么我们就能够亲自看到这样的现象了。”

“那太阳到底是刚出现了又下山，还是和平常一样呢？”

“如果说，我们沿着赤道以每小时超过 15 千米的速度奔跑的话，那太阳就是从西向东运动，然后在东方下山。可只要我们一停止奔跑，它就会马上向平时那样运动，它会勉强从西方升起，然后立马落到月平线后面。”

我又问："要是我们一直用每小时 15 千米的速度奔跑的话，又会发生什么现象？"

"那么，太阳就会像耶稣受难那天一样，一直停留在天上不运动，白昼永远是白昼，而黑夜就永远是黑夜。"

我又追问说："那在地球上也可以开这样的玩笑吗？"

"当然可以啦，只要你能做到每小时运动 1540 千米以上就可以了。"

"你在开玩笑吗？这可比暴风或飓风还要快上 14 倍。这我可做不到。唉，我都忘记在地球上的情况了！"

"对啊！虽然在这里可以做到，而且是非常轻易就能够做到了，"但是，物理学家用手指着"大月亮"说，"在地球上，这却是根本无法想象的。"

我们就坐在石头上闲聊，因为就像我之前所说，地面已经热得不能再跑了。

我们很累，一会儿就进入了梦乡。

一阵刺骨的寒冷把我们冻醒。我们赶快起来，跳着 10 米左右的大步，又向西方奔跑，越来越接近赤道。

还记得吗？我们曾经测量过我们的住处的纬度是北纬 40°，所以我们离赤道还有很远的距离。不过请大家不要以为，月球上的纬度和地球上的纬度一样，请别忘记了，月球的大小与地球相比，就像樱桃和苹果相比。地球上纬度的每一度就等于 104 千米，但月球上的纬度每度还不到 30 千米。

深谷中的温度代表平均温度，它逐渐地上升，达到 50℃ 就停止不动了。然后它又开始逐渐下降——这就表明我们已经踏上另一个半球了。

我们利用观察天体的方式精确地测定了自己所在的位置。但是我们在穿过赤道之前，曾经碰上了很多高山和"海"。

地球上的人们对月球上山脉的形状是很熟悉的。它们大部分都是中间凹陷的环形山。但中间凹陷的地方并不都是空的，也不都是新的火山口。在这些环形山的中间时常会又耸起一座山，而这座山又带有凹地，这种凹地才是比较新的火山口，它的里面发红，底部还有熔岩，不过，这种火山口很少是活火山口。

我们之前发现的那些石头是不是过去从这些火山喷出来的呢？我想不到那些石头有另外的来源。

由于好奇心，我们还特地从火山旁边跑过去，沿着边缘观看火山口的内部。我们有两次见到了像波浪一般汹涌的、闪闪发光的岩浆。

还有一次，我们甚至在侧面看见某个山峰上有束光线，这束光线又粗又高，它肯定是由大量燃烧到发光程度的石头形成的。当石头落地的时候，连距离很远的我们都能感觉到两条腿被震动了一下。

在月球上，或许是因为缺乏氧气，又或许是其他的原因，我们碰到了一些没有氧化的金属和矿物，其中最多的就是铅。

而在其他的一些洼地、平地以及“海”上，明显与物理学家所说的情况不同，我们非常喜欢在这种低地上奔跑。虽然在跑动时，脚上会带起许多灰尘，而且因为我们奔跑的速度很快，这里也没有狂风吹过，所以当我们刚跑过去，这些灰尘就落在了身后，根本迷不到眼睛，也呛不到鼻子。我们之所以喜欢这些洼地，是因为我们在走过石头多的地方的时候，觉得它们像是柔软的地毯或草地一样。

物理学家指着远方让我看，我看见了右边有团类似营火的东西，正在朝周围吐着火花，这些火花画出条条美丽的弧光。

我们讨论了一下，决定绕道前往那里，去弄清楚出现这种现象的原因。

我们到达目的地后，看见那里散落着一些灼热的碎铁块。小碎铁块虽然冷却了，但大的铁块依然在发红。

物理学家拿起了一块已经冷却的铁块说：“这是陨铁。类似这样的碎铁块也可能会落到地球上。我之前在博物馆见过好多次了。在月球上，当这些东西没有直接撞上花岗岩的话，它没有将自己的运动动能转化成热能发热之前，我们是发现不了它的。而在地球上就不一样了，它们只要一进入大气层，我们就能够看见它们了。因为它们在进入大气层的时候会和空气产生摩擦，然后发热。”

我们越过赤道后，又决定奔向北极。

嶙峋峭壁和杂乱无章的石堆都是值得观赏的奇妙景象。它们的形状独特，各式各样的，是我们在地球上从未见到过的景色。

要是把它们运到地球上去的话，它们一定会在进入地球的那一刻就轰然倒塌。因为它们能保持这样奇特的形状，是由于月球的重力小，让它们不会倒塌。

我们不停地奔跑，越来越接近极地了。峡谷里的温度也越来越低。但我们在地面上根本感觉不到这一点，因为我们已经逐渐追赶上太阳了，离它非常近了。过不了多久，我们就能够看到太阳从西边升起的奇特景象了。

我们跑得比以前慢多了。因为已经没有必要这样做了，我们也不打算到峡谷里睡觉，因为峡谷里的温度现在比地面的要冷多了，我们可不打算挨冻。现在我们在哪里停下来，就在哪里休息和吃饭。

因为胡思乱想，我们一边跑一边睡着了。不过这也没有多奇怪，大家也知道，地球上也会有类似的事情发生。更何况在月球上站着和躺着没什么差别，也就更有可能了。

## 6. 月球上的夜晚

“大月亮”照耀着我们前进，它开始往下沉了，光芒忽明忽暗的，这是因为现在“大月亮”朝向我们的一面大气层中的浮云变多了。

就在这时候，“大月亮”贴在了月平线上，然后落了下去。这就证明我们已经到了在地球上看不见的那半边月球了。

过了 4 个多小时，“大月亮”完全看不见了。这时，我们只看得到被它照耀的那些山顶的光芒，可渐渐地，就连这些山顶也变得暗淡了。周围已经漆黑一片，只看到漫天的繁星，多极了。要知道这些行星在地球上得用非常大的望远镜才可能看见。

可是它们死气沉沉的模样，真让人看着很不愉快。虽然地球上热带万里无云的天空是很呆板的，但是要和这些星星相比，那可差得远了。

而且，这黑色的天空是多么让人感到压抑啊！

我们看到远处似乎有什么在发光，是什么东西在发出强烈的光芒？

半个小时之后，我们知道了这是山巅。现在类似这样光亮的山巅越来越多了。

我们要向山上跑去，它的一半在发着光，太阳很有可能就在山的后面！可是当我们跑上去的时候，山已经陷入了黑暗，根本看不到太阳。

这里是日落的地方。我们拼命地奔跑，像离弦的箭一样飞快。

其实我们可以不用着急的，我们只要以每小时 5 千米的速度，就能够看到从西边出来的太阳。也就是说我们根本不用跑，一直走就可以了。在月球上每小时 5 千米的速度，哪能算得上是跑呢！

但我们是处在不得不向前跑的状态。

看到那奇妙的景色了吗？西边的天空出现了一颗明亮的星星，它在迅速地变大。瞧，它的半边脸已经露出来了。再看，它整张脸都出来了，它在慢慢上升，然后，你看它越来越高了！

这是只有在奔跑的我们才看得到的景色。那些落在我们身后的山峰，一个接一个暗淡下去。

如果不是因为看得见这些越来越逼近的阴影，我们的想象不知道会夸张到什么地方去呢。

“哎呀，快累坏了！”物理学家朝着太阳，开玩笑大喊：“你可以休息啦。”

我们两人坐下来，看着太阳像平常一样落下，然后消失得不见踪影。

我们翻了个身，就进入了甜蜜的梦乡。

当我们醒来的时候，我们不得不去追赶太阳，因为我们需要热量和光。不过这次，我们是非常从容的，只要太阳能在我们的视线范围内就好了。它在天空上时而上升，时而又下降，但是无论它怎样变动，都还是悬在空中，它的光线始终温暖着我们。当我们睡觉时，太阳升得很高，可等到我们睁开眼睛的时候，这狡猾的家伙竟然要逃离我们的视线，不过还好我们及时抓住了它，让它升了起来。

我们要去极地！

太阳是这么的低，阴影又是这么的长，虽然我们压过它们，但我们的身上仍然非常寒冷。温度对比真是惊奇啊。一个凸起的地方被晒得十分的炎热，我们都不敢靠近它，而另一些被阴影遮挡了一个夜晚，也就是相当地球上的 15

天的地方，却是异常寒冷。这里的太阳虽然紧贴着地平线，但是它晒到石头表面的热度，丝毫不比在地球上正午晒到太阳的热度低，甚至更热。当然，在地球的两极是不会这样的。一是因为太阳光线的强度几乎被大气层吸收，二是因为在地球的两极，太阳也没有这样强烈的热度。虽然说阳光会直射石头，但它每 24 小时才绕上一周。

你们一定要问："那么，热传导呢？石头或山所吸收的热不是应当传给寒冷的石质土壤吗？"我回答说："如果山与地面浑然成为一体的话，有时候是可以传热的。这里的许多花岗石块虽然很大，它们只是乱扔着的，只有石块的三五个支点与地面或其他石块相接触。热通过这些支点传得很慢，说得更确切些，简直就不易觉察出来。大块岩石虽然一再被太阳晒热，可是它们的辐射作用都是很微弱的。"

但是我们的烦恼跟这些石头是没有关系的，有关系的是那些在阴影里始终寒冷的山谷，这些山谷阻碍了我们走往极地，因为我们越靠近极地，阴影部分就越多，也就越难通过。

地球上的四季分明，而这里的四季几乎是一样的。月球的极地上，夏季太阳的光照下，温度最高不过是 5℃左右，而在地球上要比这里高 4 倍。

我们什么时候可以看到夏天呢？等到了夏天，有可能会勉强到达极地吧？

我们面对着太阳方向移动，在月球上绕了一圈，正确的说，是绕了一个螺旋线。我们需要马上离开这个环境。

我们既不想挨冻，也不想被烤焦，于是我们不得不放弃跟随太阳。为了不被太阳光烤晒，我们落在了太阳后面。我们在黑暗中奔跑，刚开始，我们还能在这一片黑暗中，看到一些光亮的山峰，可到了后来，连这些山峰也都看不见了。跑并不费多大的力气，因为我们都已经吃饱喝足了。

没过多久，又看到"大月亮"了。真的是它！

可爱的地球，你好啊！

说实话，它让我们感到欢喜。

还用说吗？我们已经许久都没看到它了。

又过了不知多少个小时。我们虽然从没来过这里，也从未看到过这些山巅，但它们看上去单调得很，已经吸引不了我们的兴趣了。所有的一切奇景，现在对我们来说，再普通不过了，我们已经看腻烦了。我们很失望，而且非常懊恼。地球的景色非常美，可现在对我们来说是可望而不可及了。我们还是赶快回到住的地方吧！但是就算回去，又可以看到什么呢？也都只是些毫无生气的东西罢了，只会让我们更加烦躁。

我们怎么变成这样了呢？烦恼是从哪儿来的？我们刚开始可没有这样的心情。那时候，我们非常乐观，甚至于有些兴奋。我们对周围所有的一切都充满了好奇心。是不是这样的好奇与兴奋让我们暂时把烦恼抛到九霄云外去了？

还是赶紧回到房子里去吧，我可不想再看这已经腻烦的星星和那惨淡的天空了。我们的住处应该离我们不是很远。我们观察天体，然后测定了它的位置方向。可是我们测算得再准确，都找不到我们熟悉的院落，甚至连之前时常见到的景致和山坡都看不到。

我们来来回回地走着，到处寻找，几乎把这一片都翻上一遍了，也没有找到。我们失望极了，然后我们坐在地上睡着了。之后，一阵阵的寒冷将我们冻醒过来。

我们吃了些东西，可所剩的食物已经不多了。为了让身体暖起来，我们开始奔跑，但都没有碰到一个可以给我们避寒的峡谷。我们只能不停地跑着，追赶太阳，就好像是被束缚在马车后的奴隶那样，一直奔跑着，不曾停歇。

唉，再跑下去都办不到了，因为我们只剩下了一餐饭的食品。

我们以后该怎么办？我们现在已经把最后一顿食物给吃完了！

现在我们非常困顿。因为实在是太冷了，我们两人像亲兄弟一样挤在一起取暖。

之前，我们不需要峡谷的时候，到处都能看到它们，可现在，我们急切地想找到一个峡谷的时候，却一个个都消失得无影无踪了。我们没有睡上多久，因为温度越来越低，直接把我们冻醒了。这寒冷真是毫不留情，我们连三个小时都没睡够，已经无法再入睡了。

苦恼、烦躁、饥饿，还有越来越寒冷的天气，它们让我们筋疲力尽，无法像原先那样健步如飞。

我们快要冻成冰块了！

我们互相帮助，紧抱着。我们没有想过为了自己能够活下来而抛弃对方。

物理学家陷入了沉睡，他的梦话中时常有地球出现。我抱着他，尽量温暖他的身体。

在我的脑袋里满是动人的幻想，我幻想有着温暖柔软的大床，燃着火光的壁炉，还有美味的饭菜和甜美的葡萄酒。我还梦见了家人跟在我的身后，为我默默祈祷……

## 7. 醒来

是在做梦吗？蔚蓝的天空，隔壁屋顶上的皑皑白雪，还有一只小鸟从天上飞过……还有好多熟悉的脸庞……穿着白大褂的医生……他好像在说些什么……

“他得的是昏睡病，这种病会导致长时间的睡眠，然后会让体重大减，身体也会消瘦，很危险。不过现在已经没关系了！他的呼吸已经正常了，知觉也恢复正常了，危险期算是度过了。”

周围是兴奋激动的面孔，尽管脸上还残留着泪痕。

简单地说，我之前患上了昏睡病，现在已经清醒过来了。我躺在地球上，在地球上醒过来。虽然我的身体还在地球上，可心却已经飞到月球上了。

虽然我的病已经痊愈了，但还是时常说着梦话。我请教了物理学家，讲述了在月球上的事情，我把地球和月球的一切都混淆了，一会儿觉得自己在地球上，一会儿又飞去了月球。

医生不让大家和我争辩，怕我会生气，影响身体，大家都害怕我会变成疯子。

过了很长时间，我的脑袋才完全清醒过来，精神恢复得还要再慢一些。

等到我的精神一恢复，就立马同物理学家讲述了这些事情，他非常惊讶，然后叫我将这些记录下来，并对它略作说明。